UM CURSO INTRODUTÓRIO AO MÉTODO DOS ELEMENTOS DE CONTORNO

Volume 1

ROBERTO PETTRES

Copyright © 2020 Pettres, R.

Todos os direitos reservados.

ISBN: 9798648732773

PREFÁCIO

Esse material foi desenvolvido com o intuito de apresentar de forma introdutória o Método dos Elementos de Contorno para resolução numérica de problemas potenciais. Exemplos resolvidos e discutidos apresentam-se como notas de aulas sequenciais e orienta-se ao Leitor que experimenta o Método pela primeira vez, que passe para a próxima seção após reproduzi-los e compreendê-los. Para o Leitor com conhecimento prévio sobre o Método, sugere-se que avance para a seção de interesse, pois determinados fundamentos matemáticos permeiam o texto e são sugeridas leituras de referências clássicas de autores que dedicaram muito tempo de suas vidas para o aprimoramento do Método. Sugestões, revisões, críticas e correções são sempre bem-vindas. Para isso, deixo o meu contato pettres@ufpr.br, que também servirá para o compartilhamento de rotinas computacionais.

O Autor

CONTEÚDO

1 INTRODUÇÃO 7
2 FUNDAMENTOS 11
   2.1 RESÍDUOS PONDERADOS 11
   2.2 FUNÇÃO DE GREEN 15
3 MÉTODO DOS ELEMENTOS DE CONTORNO 17
   3.1 EM UMA DIMENSÃO 17
      3.1.1 Exemplos resolvidos 20
   3.2 EM DUAS DIMENSÕES 25
      3.2.1 Exemplos resolvidos 32
   3.3 EQUAÇÃO DE POISSON 43
      3.3.1 Integração do domínio: Método Monte Carlo 43
      3.3.2 Integração do domínio: Células 47
      3.3.3 Integração do domínio: Reciprocidade Dupla 52
      3.3.4 Integração do domínio: Transformação baseada na Segunda Identidade de Green .. 61
      3.3.5 Integração do contorno: Elementos lineares 64
4 MÉTODO DOS ELEMENTOS DE CONTORNO PARA PROBLEMAS TRANSIENTES 82
   4.1 EQUAÇÃO DA DIFUSÃO 82
      4.1.1 Modelo numérico de avanço no tempo 82
      4.1.2 Implementação computacional com o uso de células - Placa 84
      4.1.3 Implementação computacional com células – Placa com o uso do Método Quadratura de Gauss em duas dimensões 88
      4.1.4 Implementação computacional sem células – Placa com o uso do Método Monte Carlo 91
      4.1.5 Implementação computacional com o uso de células - Disco e análise numérica 93
   4.2 EQUAÇÃO DA DIFUSÃO COM TERMO NÃO HOMOGÊNEO 96
      4.2.1 Equação da Difusão com termo dissipativo 96
      4.2.2 Equação da Difusão com geração de calor 100
5 MÉTODO DOS ELEMENTOS DE CONTORNO PARA PROBLEMAS TRANSIENTES EM MEIOS CONTÍNUOS NÃO HOMOGÊNEOS 106

- 5.1 MODELO GEOMÉTRICO E DISCRETIZAÇÃO DO PROBLEMA 106
  - 5.1.1 Discretização do problema 106
- 5.2 NOTAÇÃO MATRICIAL E SOLUÇÃO NUMÉRICA PARA O PROBLEMA 107
- 5.3 RESULTADOS E VALIDAÇÃO DO MODELO 111
- 5.4 ANÁLISE DA DIFUSÃO DO CALOR EM MEIOS CONTÍNUOS NÃO HOMOGÊNEOS 112
  - 5.4.1 Resultados do MEC para a análise com subregiões 113
- 6 DIFUSÃO-ADVECÇÃO DO CALOR EM MEIOS CONTÍNUOS 117
  - 6.1 MODELO MATEMÁTICO PARA O CASO DE DIFUSÃO-ADVECÇÃO 117
  - 6.2 MODELO GEOMÉTRICO PARA O CASO DE DIFUSÃO-ADVECÇÃO 119
    - 6.2.1 Discretização do problema 120
    - 6.2.2 Notação matricial e solução numérica para o problema 120
  - 6.3 RESULTADOS E VALIDAÇÃO DO MODELO 121
    - 6.3.1 Teste 01 121
    - 6.3.2 Teste 02 126
  - 6.4 MODELO GEOMÉTRICO E MATEMÁTICO PARA O CASO DIFUSÃO-ADVECÇÃO: PLACA COM UM OBSTÁCULO SOB GERAÇÃO DE CALOR 129
    - 6.4.1 Escoamento ao redor de um obstáculo circular – campo de velocidades 129
    - 6.4.2 Discretização do modelo geométrico e campo de velocidades 131
    - 6.4.3 Equação básica do MEC para o caso difusivo-advectivo 133
    - 6.4.4 Notação matricial e solução numérica para o problema de difusão-advecção 136
    - 6.4.5 Resultados 141
- 7 CONSIDERAÇÕES DO AUTOR 144
- REFERÊNCIAS 145
- APÊNDICE 150
- A Solução Fundamental do operador Laplaciado em duas dimensões *150*
- Quadratura de Gauss 154
- Valor Principal de Cauchy 155

CAPÍTULO 1

1 INTRODUÇÃO

A solução de problemas de engenharia passa por diversas etapas, entre elas a modelagem matemática, a imposição de condições especiais e a escolha do método de resolução a ser adotado. Em cada uma dessas etapas, procura-se representar determinado fenômeno a partir de um problema equivalente, cujas hipóteses simplificadoras tornam o problema possível de ser resolvido, sendo considerados os parâmetros fundamentais do problema e que podem ser descritos matematicamente através de um sistema de equações diferenciais válido em todo o domínio do problema.

Sendo uma simplificação do problema real, a solução do problema equivalente passa a ser uma solução aproximada, obtida a partir de modelos discretos ou numéricos com um número finito de graus de liberdade em um sistema de equações algébricas. Na prática de engenharia a solução exata pode somente ser conhecida em alguns casos simples, daí a importância em se saber como as soluções são apresentadas quando se introduz uma aproximação.

Este é um problema desafiador enfrentado pelos engenheiros e matemáticos aplicados que trabalham no desenvolvimento de técnicas para encontrar soluções para as equações básicas que surgem nesse campo. Idealmente, espera-se encontrar soluções aproximadas com um nível de erro extremamente pequeno quando comparadas à soluções analíticas, quando obtidas através do uso de métodos padrão de resolução.

Tais soluções aproximadas são obtidas com a aplicação de métodos numéricos de solução, cuja abordagem consistente permite a realização de repetidas análises paramétricas, que se efetuadas em modelos experimentais, destrutivos ou não, resultariam em custo mais elevado.

Entre os diversos métodos numéricos de solução existentes tem-se o Método dos Elementos de Contorno (MEC) (BREBBIA e DOMINGUEZ, 1989; BEER e WATSON, 1994) o qual apresenta-se como técnica ou procedimento numérico alternativo para a resolução de diversos problemas físicos a partir de equações integrais de contorno.

Os primeiros registros que tratam de formulações matemáticas via equações integrais datam do ano de 1903, ano no qual Fredholm apresentou a primeira teoria clássica das equações integrais (JACOBS, 1979).

Ainda no século XX, diversos autores utilizaram a técnica de equações integrais e oportunizaram importantes contribuições para a evolução de tal método, sendo denominado Método dos Elementos de Contorno a partir dos trabalhos de BREBBIA (1978), o qual apresentou uma formulação baseada em equações integrais e em técnicas de resíduos ponderados.

Atualmente, o MEC vem sendo empregado para solucionar um número cada vez maior de problemas em mecânica dos sólidos (BEER e WATSON, 1994), dinâmica dos fluidos e acústica (WROBEL, 2002; SPINDLER, 2013), imageamento eletromagnético (AKALIN-ACAR e GENÇER, 2004), análise de proteção catódica (LACERDA, SILVA e LÁZARIS, 2007), elastodinâmica (TRAUB, 2013) entre outros, contando com o acoplamento de diferentes métodos numéricos em determinadas formulações (JESUS e AZEVEDO, 2002; VANZUIT, 2007; AURADA *et al.*, 2012).

Ainda, no que consta na literatura sobre os aspectos históricos da evolução do MEC, sugerem-se os trabalhos de TAGUTI (2010) e KEIDEL (2011)[1], além do trabalho intitulado *"Heritage and early history of the Boundary Element Method"* dos autores CHENG e CHENG (2005).

Na literatura corrente registram-se inúmeros trabalhos envolvendo análise numérica a partir do MEC para o problema de difusão do calor. Entre eles, JESUS e PEREIRA (2004) apresentam análises de fluxo bidimensional em meios contínuos porosos utilizando subregiões homogêneas em um caso estacionário baseado na equação de Laplace. Adotando uma mesma linha de implementação numérica, VANZUIT (2007) e JESUS e AZEVEDO (2002), apresentaram soluções para o problema dinâmico de difusão do calor, adotando uma solução fundamental independente do tempo, esquemas de marcha no tempo baseados em diferenças finitas, além do método de Houbolt presente no primeiro trabalho, do método de Hammer no segundo e do uso de células para aproximação das integrais de domínio em ambos.

BREBBIA e SKERGET (1984) apresentaram uma formulação do MEC utilizando solução fundamental independente do tempo para o caso de difusão-advecção em regime estacionário. Para o caso transiente de difusão-advecção os autores utilizaram uma solução fundamental dependente do tempo.

DESILVA *et al.* (1998) apresentaram soluções para o problema de difusão-advecção em duas dimensões utilizando uma solução fundamental dependente do tempo com o uso de velocidades variáveis e células de domínio.

Ainda com o uso de células, LIMA JR., VENTURINI e BENALLAL (2012), analisaram numericamente o comportamento mecânico de meios contínuos porosos saturados a partir de uma formulação implícita do MEC, contando com uma solução fundamental independente do tempo. Nesse trabalho, os autores acoplaram o problema elástico ao de fluxo, adotando, na formulação, procedimento numérico de Gauss para integração sobre elementos de contorno e um esquema semi-analítico para as integrais de domínio.

YOUNG *et al.* (2004), AZIS e CLEMENTS (2008) e ABREU (2013), também analisaram o problema dinâmico de difusão do calor, com a diferença de que a solução fundamental adotada na formulação apresenta dependência temporal.

---

[1] O autor apresenta uma linha do tempo mostrando a evolução do MEC.

LOEFFLER e COSTALONGA (2012) utilizaram dupla reciprocidade para resolver problemas difusivo-advectivos, variando a velocidade do escoamento e analisando a influência no transporte de energia diante da difusão térmica. Ainda adotando reciprocidade, OCHIAI (2001), apresenta a análise de difusão do calor transiente bidimensional, utilizando na formulação do MEC uma solução fundamental independente do tempo. Nesse trabalho o autor demonstra que é possível obter distribuições de temperatura satisfatórias com o uso de soluções fundamentais de baixa ordem. GUO *et al.* (2013), apresentaram uma formulação para resolver problemas tridimensionais de condução e geração de calor transiente. Nesse trabalho, a dependência do tempo no problema foi removida temporariamente das equações pela transformada de Laplace, preservando as equações integrais de contorno, evitando-se a discretização do domínio.

O uso de reciprocidade também é observado no trabalho de TANAKA, KUROKAWA e MATSUMOTO (2008), os quais apresentaram uma formulação do MEC para problemas de condução bidimensional do calor transiente em meios anisotrópicos. Esse trabalho fez uso de uma solução fundamental independente do tempo para materiais isotrópicos e esquema de marcha no tempo baseado em diferenças finitas.

SINGH e TANAKA (2000) apresentaram uma formulação do método dos elementos de contorno alternativa baseada na transformação exponencial variável para problemas de difusão-advecção estáveis, convertendo a equação da difusão-advecção na equação de Helmholtz modificada. Nesse trabalho os autores discutem três transformações e diferenciam seu uso para problemas dominados pela difusão e advecção.

SUTRADHAR e PAULINO (2004) apresentaram uma análise para a condução de calor transiente sem a discretização do domínio, transformando um problema não homogêneo em um problema de difusão homogênea a partir da transformada de Laplace e de aproximações de Galerkin. Nesse trabalho a dependência do tempo é restaurada pela inversão numérica da transformação de Laplace por meio do algoritmo de Stehfest (STEHFEST, 1970). Os resultados obtidos com a formulação adotada foram comparados com as soluções obtidas com simulações de elementos finitos. WEI e ZHANG (2013) utilizaram o método de separação de variáveis e o princípio de Duhamel para transformar o problema unidimensional de difusão e geração de calor em um problema de análise inversa baseado no MEC.

YU, YAO e GAO (2014) analisaram problemas de condução do calor transiente com o uso de integração radial na formulação do MEC. Em tal análise os autores resolveram o problema de condução para meios os quais apresentam condutividades térmicas variáveis.

Simulações numéricas de problemas de engenharia também são encontradas em produções do Autor, destacando-se os trabalhos de PETTRES, SCUCIATO e LACERDA (2011) na análise de problemas potenciais bidimensionais, PETTRES e LACERDA na análise da equação da difusão com termo fonte de calor variável no tempo (2012), PETTRES, CARRER e LACERDA (2012) em problemas de geração interna de calor com o uso de uma solução fundamental independente do tempo, PETTRES e LACERDA (2013) em problemas de difusão bidimensionais, PETTRES, CARRER e LACERDA (2013) em um estudo paramétrico de problemas de transferência do calor em meios heterogêneos com o uso de sub-regiões, PETTRES, LACERDA e CARRER (2015) em variações da equação da difusão contando com termos não homogêneos de dissipação e de geração interna de calor, PETTRES (2016) em um estudo do efeito do incremento de tempo na formulação do MEC acoplado aos MDF, PETTRES e LACERDA (2017) em um estudo que conta com o acoplamento do problema difusivo-advectivo e o problema de difusão com geração de calor e PETTRES (2019) em um estudo numérico que apresenta uma transformação das integrais de domínio.

Em todos os trabalhos citados, o MEC é utilizado para se obter uma solução aproximada do problema e o acoplamento de outros métodos é prática comum (Elementos Finitos, Diferenças Finitas, entre outros).

Uma das principais vantagens da aplicação do MEC está relacionada à redução das dimensões dos problemas analisados em comparação com outros métodos numéricos (Elementos Finitos, Diferenças Finitas), analisando o problema em pontos discretos no contorno. Essa característica implica em menor quantidade de dados de entrada, diminuição do tempo de processamento e menor espaço de armazenamento das informações necessárias no processamento, tornando-o bastante útil (TAGUTI, 2010).

CAPÍTULO 2

2 FUNDAMENTOS

Nesse capítulo são apresentados fundamentos matemáticos em relação ao Método de Resíduos Ponderados e uma breve revisão sobre Funções de Green.

2.1 RESÍDUOS PONDERADOS

Seja um problema descrito pela equação:

$$L(u) + b = 0 \quad em \ \Omega \tag{1}$$

com condições de contorno são expressas como:

$$S(u) = \hat{u} \quad em \ \Gamma \tag{2}$$

onde L e S são operadores lineares, Ω é o domínio do problema e Γ é o contorno.

A solução do problema, u, pode ser aproximada por uma função $\bar{u}$, que tenha um grau de continuidade necessário para não tornar o lado esquerdo da equação (1), identicamente nulo e que pode, ou não, satisfazer as condições de contorno do problema.

A função aproximada de $\bar{u}$ pode ser definida como:

$$\bar{u} = \beta + \sum_{n=1}^{N} \alpha_n \phi_n \tag{3}$$

onde β é uma função conhecida, incluída para atender as condições de contorno não-homogêneas, α_n são coeficientes ainda não determinados e ϕ_n ($n = 1, 2, 3, ..., N$) são funções de forma linearmente independentes e identicamente nulas no contorno.

Além disso, as funções ϕ_n devem ser tais que a aproximação melhores quando o número N cresce, ou seja:

$$\lim_{N\to\infty}\left(\beta + \sum_{n=1}^{N}\alpha_n \phi_n\right) = u \tag{4}$$

Se, na solução aproximada $\overline{u}$ não se inclui uma função β que atende as condições de contorno, isto é, se $\overline{u}$ é definida como:

$$\overline{u} = \sum_{n=1}^{N}\alpha_n \phi_n \tag{5}$$

a substituição de $\overline{u}$ em (1) e em (2) gera dois erros ou resíduos:

$$E_\Omega = L(\overline{u}) - b \neq 0 \; em \; \Omega \tag{6}$$

$$E_\Gamma = S(\overline{u}) - \hat{u} \neq 0 \; em \; \Gamma \tag{7}$$

Utilizando uma solução aproximada como a definida em (3), somente E_Ω será diferente de zero.

A ideia básica do Método do Resíduos Ponderados é tornar E_Ω tão pequeno quanto possível em Ω, o que equivale a tornar $\overline{u}$ tão próxima de u, quanto possível (FINLAYSON e SCRIVEN, 1966).

Definindo um conjunto de funções de ponderação w_l ($l = 1, 2, 3, ..., N$) o erro é distribuído em Ω como segue:

$$\int_\Omega w_l \, E_\Omega \, d\Omega = 0 \tag{8}$$

Substituindo (4) em (8), tem-se:

$$\int_\Omega w_l \left[L(\beta) + \sum_{n=1}^{N} \alpha_n L(\phi_n) - b \right] d\Omega = 0 \qquad (9)$$

Sendo o número de funções de ponderação igual ao de funções de forma, os coeficientes α_n são obtidos após a solução do sistema de equações algébricas:

$$K\alpha = f \qquad (10)$$

No qual os elementos da matriz K e os do vetor f são definidos como:

$$K_{ln} = \int_\Omega w_l L(\phi_n) d\Omega = 0 \qquad (11)$$

$$f_l = \int_\Omega w_l [b - L(\beta)] d\Omega = 0 \qquad (12)$$

As funções de ponderação devem constituir um conjunto linearmente independente. Dependendo do conjunto de funções de ponderação adotado, obtém-se um esquema correspondente de resíduos ponderados, entre eles, destacam-se o:

Método de Colocação que adota a função Delta de Dirac, $w_l = \delta(x - \xi)$,

Método de Colocação de Subdomínios que adota $w_l = \begin{cases} 1 & se\ x \in \Omega \\ 0 & se\ x \notin \Omega \end{cases}$,

Método dos Momentos que adota funções potências de x da forma $w_l = x^{l-1}$, e

Método de Galerkin $w_l = \phi_n$, cujas funções de ponderação são as próprias funções ϕ_n.

Se a aproximação, ou seja, a solução aproximada não satisfaz as condições de contorno, então o resíduo E_Γ também deve ser ponderado no contorno e a sentença de resíduos ponderados deve ser escrita como:

$$\int_\Omega w_l E_\Omega\, d\Omega + \int_\Gamma \overline{w_l}\, E_\Gamma\, d\Gamma = 0 \qquad (13)$$

O sistema de equações gerado por (11) e (12) pode ser representado como:

$$\underset{\sim}{K}\underset{\sim}{\alpha} = \underset{\sim}{f} \tag{14}$$

onde agora os elementos da matriz $\underset{\sim}{K}$ e os do vetor $\underset{\sim}{f}$ são definidos como

$$\underset{\sim}{K}_{ln} = \int_{\Omega} w_l\, L(\phi_n)\, d\Omega + \int_{\Gamma} \overline{w}_l\, S(\phi_n)\, d\Gamma \tag{15}$$

$$\underset{\sim}{f}_l = \int_{\Omega} w_l\, b\, d\Omega + \int_{\Gamma} \overline{w}_l\, \hat{u}\, d\Gamma \tag{16}$$

Se o problema estudado apresentar condições de contorno naturais, a avaliação das integrais $\int_{\Gamma} \overline{w}_l\, \mathrm{E}_{\Gamma}\, d\Gamma$, que aparecem na equação (13), pode apresentar dificuldades se Γ é descrito por funções não-lineares. Para evitar dificuldades adicionais à determinação das soluções aproximadas, o termo que contém o operador L na integral do erro E_{Ω}, na equação (13) $\int_{\Omega} w_l \left[L(\overline{u}) - b \right] d\Omega = \int_{\Omega} w_l\, \mathrm{E}_{\Omega}\, d\Omega$, pode ser integrado por partes e reescrito genericamente como:

$$\int_{\Omega} w_l\, L(\phi_n)\, d\Omega = \int_{\Omega} C(w_l)\, D(\overline{u})\, d\Omega = \int_{\Gamma} w_l\, F(\overline{u})\, d\Gamma \tag{17}$$

onde C, D e F são operadores diferenciais lineares de ordem inferior à do operador L. Substituindo (17) em (13), obtém-se:

$$\int_{\Omega} C(w_l)\, D(\overline{u})\, d\Omega - \int_{\Omega} w_l\, b\, d\Omega + \int_{\Gamma} [\overline{w}_l\, \mathrm{E}_{\Gamma} + w_l\, F(\overline{u})]\, d\Gamma = 0 \tag{18}$$

A equação (18) é denominada Forma Franca da sentença de resíduos ponderados.

Na integral de contorno de (18) é possível eliminar a integral que envolve condições de contorno naturais mediante uma escolha apropriada da função de ponderação $\overline{w}_l$.

Pode-se, ainda, adotar funções que satisfazem as equações diferenciais em Ω, mas que aproximam as condições de contorno.

Neste caso, a sentença de resíduos ponderados é escrita como:

$$\int_\Gamma \overline{w}_l \, E_\Gamma \, d\Gamma = 0 \tag{19}$$

Uma vez que:

$$E_\Omega = \sum_{n=1}^{N} \alpha_n L(\phi_n) - b = 0 \tag{20}$$

Se as funções $\overline{w}_l$ e ϕ_n forem as mesmas, obtém-se o Método de TREFFTZ.

No Método dos Elementos de Contorno a função de ponderação escolhida depende da Função de Green do operador diferencial, função também conhecida como Solução Fundamental.

2.2 FUNÇÃO DE GREEN

Seja a equação diferencial linear não-homogênea válida para u, no qual são impostas condições de contorno:

$$Lu(x) = f(x) \tag{21}$$

onde L é operador linear com coeficientes constantes. Quando o termo $f(x)$ é substituído pelo Delta de Dirac, $\delta(x - x')$, onde x' é um parâmetro, a equação (21) é reescrita como:

$$LG(x,x') = \delta(x - x') \tag{22}$$

A função $G(x,x')$, solução da equação (22), chama-se Função de Green para o operador L e representa o efeito de x devido a um delta em x'. Para resolver (21) com o auxílio de (22), os termos à esquerda e à direita em (22) são multiplicados por $f(x)$; em seguida, a integração é efetuada no domínio $-\infty < x < \infty$. Assim:

$$\int_{-\infty}^{\infty} LG(x,x') f(x') dx' = \int_{-\infty}^{\infty} \delta(x-x') f(x') dx' = f(x) \tag{23}$$

Trocando em (23) a ordem do operador diferencial e do sinal de integral, obtém-se:

$$L\left[\int_{-\infty}^{\infty} G(x,x')f(x')dx'\right] = f(x) \qquad (24)$$

Comparando as equações (24) e (21), conclui-se que a solução da equação (21), pode ser escrita como:

$$u(x) = \int_{-\infty}^{\infty} G(x,x')f(x')dx' \qquad (25)$$

CAPÍTULO 3

3 MÉTODO DOS ELEMENTOS DE CONTORNO

Nesse capítulo o Método dos Elementos de Contorno é apresentado a partir de problemas específicos, sobre os quais é desenvolvida a teoria de Resíduos Ponderados, a Formulação Fraca e a Formulação Inversa. Inicia-se com um problema em uma dimensão, sendo explorado em forma de exercício, para condições de contorno específicas. Na parte que trata de problemas de duas dimensões, a teoria do MEC é desenvolvida a partir da Equação de Poisson, porém, os exemplos iniciais referem-se a Equação de Laplace. Na seção Equação de Poisson e são apresentadas diferentes técnicas de solução numéricas para as integrais de contorno e de domínio presentes na formulação.

3.1 EM UMA DIMENSÃO

Considere a equação:

$$\frac{d^2 u}{dx^2} + u + x = 0 \tag{26}$$

com as condições de contorno:

$$u\big|_{x=0} = \hat{u} \quad e \quad \frac{du}{dx}\bigg|_{x=1} = \frac{d\hat{u}}{dx} \tag{27}$$

ilustradas pela Figura 1.

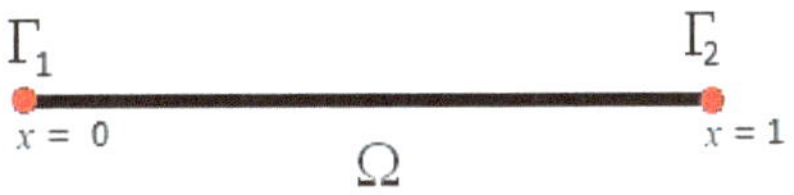

Figura 1 – Ilustração do domínio da equação (26) e condições de contorno dadas em (27).

A sentença básica de resíduos ponderados, considerando o não atendimento das condições de contorno, é escrita como:

$$\int_0^1 \left(\frac{d^2 \bar{u}}{dx^2} + \bar{u} + x \right) w\, dx + \left[(\bar{u} - \hat{u}) w_1 \right]\bigg|_{x=0} + \left[\left(\frac{d\bar{u}}{dx} - \frac{d\hat{u}}{dx} \right) w_2 \right]\bigg|_{x=1} = 0 \qquad (28)$$

Integrando por partes duas vezes o termo que contém a derivada de segunda ordem, obtém-se:

$$\int_0^1 \left(\frac{d^2 \bar{u}}{dx^2} \right) w\, dx = w \frac{d\bar{u}}{dx}\bigg|_{x=0}^{x=1} - \bar{u}\frac{dw}{dx}\bigg|_{x=0}^{x=1} + \int_0^1 \bar{u} \left(\frac{d^2 w}{dx^2} \right) dx \qquad (29)$$

Substituindo (29) em (28)

$$\int_0^1 \bar{u}\left(\frac{d^2 w}{dx^2} + w\right) dx + \int_0^1 (x) w\, dx + w\frac{d\bar{u}}{dx}\bigg|_{x=1} - w\frac{d\bar{u}}{dx}\bigg|_{x=0} - \bar{u}\frac{dw}{dx}\bigg|_{x=1} + \qquad (30)$$

$$\bar{u}\frac{dw}{dx}\bigg|_{x=0} + \bar{u} w_1\bigg|_{x=0} - \hat{u} w_1\bigg|_{x=0} + \frac{d\bar{u}}{dx} w_2\bigg|_{x=1} - \frac{d\hat{u}}{dx} w_2\bigg|_{x=1} = 0$$

Fazendo $w_1 = -\dfrac{dw}{dx}$ e $w_2 = -w$, a equação (30) fica:

$$\int_0^1 \bar{u}\left(\frac{d^2 w}{dx^2} + w\right) dx + \int_0^1 (x) w\, dx - w\frac{d\bar{u}}{dx}\bigg|_{x=0} + w\frac{d\hat{u}}{dx}\bigg|_{x=1} - \bar{u}\frac{dw}{dx}\bigg|_{x=1} + \hat{u}\frac{dw}{dx}\bigg|_{x=0} = 0 \qquad (31)$$

Se a função de ponderação w for a solução da equação:

$$\frac{d^2 w}{dx^2} + w = \delta(x - \xi) \qquad (32)$$

A equação (31) pode ser escrita como:

$$\int_0^1 \overline{u}\,\delta(x-\xi)\,dx = -\int_0^1 (x)w\,dx + w\frac{d\overline{u}}{dx}\bigg|_{x=0} - w\frac{d\hat{u}}{dx}\bigg|_{x=1} + \overline{u}\frac{dw}{dx}\bigg|_{x=1} - \hat{u}\frac{dw}{dx}\bigg|_{x=0} \qquad (33)$$

e obtém-se $\int_0^1 \overline{u}\,\delta(x-\xi)\,dx = \overline{u}(\xi)$.

Obs: Lembre-se que os valores $\hat{u}$ e $\dfrac{d\hat{u}}{dx}$ são dados como condições de contorno do problema.

A presença do Delta de Dirac faz com que o seu produto por uma função $\overline{u}$ seja nula em todos os pontos exceto no intervalo à esquerda e a à direita de ξ, ou seja, entre ξ^- e ξ^+, captando da função apenas o seu valor em ξ.

Essa característica é chamada de propriedade de filtragem ou amostragem da função impulso ou Delta de Dirac, pois sua presença pega da função apenas uma amostra que é o seu valor em ξ.

A função Delta de Dirac pode ser interpretada como uma função tipo impulso, atuando num curto intervalo de tempo e é fundamental para o cálculo da Função de Green de um dado operador.

Assim, a equação (33) torna-se:

$$\overline{u}(\xi) = -\int_0^1 (x)w\,dx + w\frac{d\overline{u}}{dx}\bigg|_{x=0} - w\frac{d\hat{u}}{dx}\bigg|_{x=1} + \overline{u}\frac{dw}{dx}\bigg|_{x=1} - \hat{u}\frac{dw}{dx}\bigg|_{x=0} \qquad (34)$$

A equação (34) é a formulação inversa de resíduos ponderados. Para outras condições de contorno, uma equação similar seria obtida. Assim, de uma maneira geral, a equação básica do método pode ser escrita sem a imposição das condições de contorno, para depois ser particularizada de acordo com o problema.

No Método do Elementos de Contorno a função de ponderação w é representada como $u^*(\xi,x)$, representando o efeito no ponto campo x de uma Delta de Dirac aplicado no ponto fonte ξ. A função $u^*(\xi,x)$ é denominada Solução Fundamental e sua derivada $\dfrac{dw}{dx}$ é $q^*(\xi,x)$, que substituídos na equação

(33) e tomando $\bar{u} = \hat{u} = u(x)$ e $\dfrac{d\bar{u}}{dx} = \dfrac{d\hat{u}}{dx} = q(x)$, temos a formulação do Método dos Elementos de Contorno:

$$u(\xi) = -\int_0^1 (x) u^*(\xi,x)\,dx + u^*(\xi,x)\,q(x)\big|_{x=0} - u^*(\xi,x)\,q(x)\big|_{x=1} +$$
$$u(x)\,q^*(\xi,x)\big|_{x=1} - u(x)\,q^*(\xi,x)\big|_{x=0} \tag{35}$$

3.1.1 Exemplos resolvidos

a) Para o problema estudado anteriormente, adote $u^*(\xi,x) = \dfrac{\sin|x-\xi|}{2}$.

Solução:

A formulação do Método dos Elementos de Contorno requer também $q^*(\xi,x)$, que nesse caso é dada por:

$$\text{se } x > \xi,\ u^*(\xi,x) = \dfrac{\sin(x-\xi)}{2}\ \text{e}\ q^*(\xi,x) = \dfrac{\cos(x-\xi)}{2}$$

$$\text{se } x < \xi,\ u^*(\xi,x) = \dfrac{\sin(\xi-x)}{2}\ \text{e}\ q^*(\xi,x) = -\dfrac{\cos(\xi-x)}{2}$$

Considerando as expressões anteriores, a equação (35) fica:

$$u(\xi) = -\int_0^1 (x)\dfrac{\sin|\xi-x|}{2}\,dx + \dfrac{\sin(\xi-x)}{2}q(x)\bigg|_{x=0} - \dfrac{\sin(x-\xi)}{2}q(x)\bigg|_{x=1} +$$
$$u(x)\dfrac{\cos(x-\xi)}{2}\bigg|_{x=1} + u(x)\dfrac{\cos(\xi-x)}{2}\bigg|_{x=0}$$

Aplicando os valores de contorno $x = 0$ e $x = 1$, vem:

$$u(\xi) = -\int_0^1 (x)\frac{\sin|\xi-x|}{2}dx + \frac{\sin(\xi)}{2}q(0) - \frac{\sin(1-\xi)}{2}q(1) +$$

$$u(1)\frac{\cos(1-\xi)}{2} + \frac{\cos(\xi)}{2}u(0)$$

Das variáveis $u(0)$, $u(1)$, $q(0)$ e $q(1)$, duas serão conhecidas (são as condições de contorno) e as outras duas serão incógnitas. Para a determinação das duas incógnitas são necessárias duas equações. Essas equações são obtidas escrevendo a equação anterior para $\xi = 0$ e $\xi = 1$. Dessa forma, constrói-se o seguinte sistema de equações algébricas:

$$u(0) = \frac{\cos(1)}{2} - \frac{\sin(1)}{2} + \frac{\sin(0)}{2}q(0) - \frac{\sin(1)}{2}q(1) + u(1)\frac{\cos(1)}{2} + \frac{\cos(0)}{2}u(0)$$

$$u(1) = -\frac{1}{2} + \frac{\sin(1)}{2} + \frac{\sin(1)}{2}q(0) - \frac{\sin(0)}{2}q(1) + u(1)\frac{\cos(0)}{2} + \frac{\cos(1)}{2}u(0)$$

Em forma matricial, temos:

$$\begin{bmatrix} \cos(1) & -1 \\ -1 & \cos(1) \end{bmatrix} \begin{bmatrix} u(1) \\ u(0) \end{bmatrix} = \begin{bmatrix} \sin(1) & 0 \\ 0 & \sin(1) \end{bmatrix} \begin{bmatrix} q(1) \\ q(0) \end{bmatrix} + \begin{bmatrix} -\cos(1) + \sin(1) \\ 1 - \sin(1) \end{bmatrix}$$

Definindo os valores das condições de contorno, obtém-se a solução do sistema.

(i) Para o problema no qual as condições de contorno são $u(0) = 0$ e $u(1) = 1$, tem-se a solução do MEC:

$$q(1) = -1 + 2\frac{\cos(1)}{\sin(1)} \quad \text{e} \quad q(0) = -1 + \frac{2}{\sin(1)}$$

A solução analítica do problema é $u(x) = 2\frac{\sin(x)}{\sin(1)} - x$, cuja derivada é $q(x) = 2\frac{\cos(x)}{\sin(1)} - 1$, coincidindo com a solução do MEC no contorno.

Para um ponto ξ, tal que, $0 < \xi < 1$, a equação correspondente é:

$$u(\xi) = -\int_0^\xi (x)\frac{\sin(\xi-x)}{2}dx - \int_\xi^1 (x)\frac{\sin(x-\xi)}{2}dx + \qquad (36)$$

$$\frac{\sin(\xi)}{2}q(0) - \frac{\sin(1-\xi)}{2}q(1) + u(1)\frac{\cos(1-\xi)}{2} + \frac{\cos(\xi)}{2}u(0)$$

As integrais valem:

$$\int_0^\xi (x)\sin(\xi-x)\,dx = \xi - \sin(\xi) \qquad (37)$$

$$\int_\xi^1 (x)\sin(x-\xi)\,dx = \xi - \cos(1-\xi) + \sin(1-\xi)$$

Substituindo os valores de $u(0)$, $u(1)$, $q(0)$ e $q(1)$, os valores da equação (37), o resultado de (36) é:

$$u(\xi) = 2\frac{\sin(\xi)}{\sin(1)} - \xi \qquad (38)$$

Resultado que coincide com a solução analítica (a solução fundamental é única, Função de Green).

(ii) Para o problema no qual as condições de contorno são $u(0) = 0$ e $u(1) = 0$, tem-se a solução do MEC:

Solução:

A forma matricial para esse problema é:

$$\begin{bmatrix} \sin(1) & 0 \\ 0 & \sin(1) \end{bmatrix} \begin{bmatrix} q(1) \\ q(0) \end{bmatrix} = -\begin{bmatrix} -\cos(1) + \sin(1) \\ 1 - \sin(1) \end{bmatrix}$$

que resulta diretamente em

$$q(0) = -1 + \frac{1}{\sin(1)} \quad \text{e} \quad q(1) = -1 + \frac{\cos(1)}{\sin(1)}$$

A solução analítica do problema é $u(x) = \frac{\sin(x)}{\sin(1)} - x$, cuja derivada é $q(x) = \frac{\cos(x)}{\sin(1)} - 1$, coincidindo com a solução do MEC no contorno.

(iii) Para o problema no qual as condições de contorno são $u(0) = 1$ e $q(1) = 1$, tem-se a solução do MEC:

$$u(1) = \frac{1 - \cos(1) + 2\sin(1)}{\cos(1)} \quad \text{e} \quad q(0) = \frac{-1 - 2\sin(1) + \cos(1) + \sin(1)\cos(1)}{\sin(1)\cos(1)}$$

(iv) Para o problema no qual as condições de contorno são $u(0) = 0$ e $q(1) = 1$, tem-se a solução do MEC:

$$u(1) = -1 + 2\frac{\sin(1)}{\cos(1)} \quad \text{e} \quad q(0) = -1 + \frac{2}{\cos(1)}$$

Para um ponto ξ, tal que, $0 < \xi < 1$, em ambos os casos, substituindo os valores de $u(0)$, $u(1)$, $q(0)$ e $q(1)$, obtém-se a equação correspondente:

$$u(\xi) = -\xi + \frac{\sin(\xi)}{2} - \xi + \frac{\cos(1-\xi)}{2} - \frac{\sin(1-\xi)}{2} +$$
$$\frac{\sin(\xi)}{2} q(0) - \frac{\sin(1-\xi)}{2} q(1) + u(1)\frac{\cos(1-\xi)}{2} + \frac{\cos(\xi)}{2} u(0)$$

b) Para o problema $\frac{d^2u}{dx^2} - u = 0$, com $u(0) = 0$ e $u(x) = 1$, apresente os valores para $q(0)$ e $q(1)$. Adote $u^*(\xi, x) = \frac{\sinh|x - \xi|}{2}$.

Resposta:

$$q(0) = \frac{1}{\sinh(1)} \quad e \quad q(1) = \frac{\cosh(1)}{\sinh(1)}$$

c) Para o problema $\frac{d^2u}{dx^2} - u = x$, com $u(0) = 0$ e $q(2) = 4$, apresente os valores para $u(2)$ e $q(0)$. Adote $u^*(\xi,x) = \frac{\sinh|x-\xi|}{2}$.

Resposta:

$$u(2) = -2 + 5\frac{\sinh(2)}{\cosh(2)} \quad e \quad q(0) = -1 + \frac{5}{\cosh(2)}$$

d) Para o problema $\frac{d^2u}{dx^2} + u + x = 0$, com $u(0) = 0$ e $u(x) = 0$, apresente os valores para $q(0)$ e $q(1)$, utilizando a solução geral da equação $\frac{d^2w}{dx^2} + w = 0$, com $w = \beta_1 \cos(x) + \beta_2 \sin(x)$, no lugar de $u^*(\xi,x)$. Obtenha uma expressão geral para o cálculo de $u(x)$ no intervalo $0 < x < 1$. Compare os resultados com os obtidos em a (i) e (ii).

Solução:

Calculando $\frac{dw}{dx} = -\beta_1 \sin(x) + \beta_2 \cos(x)$ e substituindo na equação (36), temos:

$$u(x) = -\int_0^\xi (x)[\beta_1 \cos(x) + \beta_2 \sin(x)]dx - \int_\xi^1 (x)[\beta_1 \cos(x) + \beta_2 \sin(x)]dx +$$

$$[\beta_1 \cos(x) + \beta_2 \sin(x)] q(x)\big|_{x=0} - [\beta_1 \cos(x) + \beta_2 \sin(x)] q(x)\big|_{x=1} +$$

$$u(x)[-\beta_1 \sin(x) + \beta_2 \cos(x)]\big|_{x=1} - u(x)[-\beta_1 \sin(x) + \beta_2 \cos(x)]\big|_{x=0}$$

Resolvendo as integrais, temos:

$$u(x) = \beta_1 - \beta_1 \sin(1) - \beta_1 \cos(1) - \beta_2 \sin(1) + \beta_2 \cos(1) + \beta_1 q(0) -$$

$$[\beta_1 \cos(1) + \beta_2 \sin(1)]q(1) + u(1)[-\beta_1 \sin(1) + \beta_2 \cos(1)]| - \beta_2 u(0)$$

Aplicando as condições de contorno obtemos as incógnitas $q(0)$ e $q(1)$

$$q(0) = -1 + \frac{1}{\sin(1)} \quad e \quad q(1) = -1 + \frac{\cos(1)}{\sin(1)}$$

Note que a solução para u e w pode ser de alguma forma definida apenas como funções no contorno. Neste caso particular, o contorno se reduz a dois pontos; por isso temos soluções exatas apenas nas incógnitas $q(0)$ e $q(1)$, porém, após resolvermos as integrais, a equação para $u(x)$ não apresenta dependência na variável x, diferentemente da solução apresentada em a (i) equações (36) e (37), na qual foi adota a Solução Fundamental obtendo resultado exato inclusive no intervalo $0 < \xi < 1$.

3.2 EM DUAS DIMENSÕES

Considere a equação de Poisson em duas dimensões:

$$\frac{\partial^2 u}{\partial x^2} + \frac{\partial^2 u}{\partial y^2} - b = 0 \quad em \quad \Omega \tag{39}$$

com as condições de contorno essenciais e naturais, respectivamente:

$$u = \hat{u} \quad em \quad \Gamma_u \tag{40}$$

$$q = \hat{q} = \frac{\partial u}{\partial n} \quad em \quad \Gamma_q \tag{41}$$

onde $\Gamma = \Gamma_u \cup \Gamma_q$, como ilustra a Figura 2.

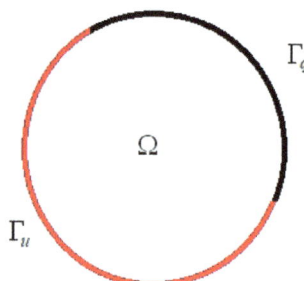

Figura 2 – Ilustração do domínio da equação (39) e seu contorno.

Sendo $\bar{u}$ uma solução aproximada do problema, que não atende às condições de contorno, três tipos de resíduos ou erros são gerados:

I. no domínio Ω:

$$E_\Omega = \frac{\partial^2 \bar{u}}{\partial x^2} + \frac{\partial^2 \bar{u}}{\partial y^2} - b \neq 0 \tag{42}$$

II. no contorno em Γ_u:

$$E_{\Gamma_u} = \bar{u} - \hat{u} \neq 0 \tag{43}$$

III. e no contorno em Γ_q:

$$E_{\Gamma_q} = \frac{\partial \bar{u}}{\partial n} - \frac{\partial \hat{u}}{\partial n} = \bar{q} - \hat{q} \neq 0 \tag{44}$$

A sentença básica de resíduos ponderados é escrita como:

$$\int_\Omega \left(\frac{\partial^2 \bar{u}}{\partial x^2} + \frac{\partial^2 \bar{u}}{\partial y^2} - b \right) w \, d\Omega + \int_{\Gamma_u} \left(\bar{u} - \hat{u} \right) w_1 \, d\Gamma + \int_{\Gamma_q} \left(\bar{q} - \hat{q} \right) w_2 \, d\Gamma = 0 \quad (45)$$

As funções de ponderação w, w_1 e w_2 podem ser escolhidas convenientemente, visando simplificar o problema.

Calculando a integral que contém o Laplaciano $\nabla^2 \bar{u} = \frac{\partial^2 \bar{u}}{\partial x^2} + \frac{\partial^2 \bar{u}}{\partial y^2}$ na equação (45), obtém-se:

$$\int_\Omega \left(\nabla^2 \bar{u} \right) w \, d\Omega = \int_\Gamma \left(\frac{\partial \bar{u}}{\partial x} n_x + \frac{\partial \bar{u}}{\partial y} n_y \right) w \, d\Gamma - \int_\Omega \left(\frac{\partial \bar{u}}{\partial x} \frac{\partial w}{\partial x} + \frac{\partial \bar{u}}{\partial y} \frac{\partial w}{\partial y} \right) d\Omega \quad (46)$$

onde n_x e n_y são os cossenos diretores, ou seja:

$$\frac{\partial \bar{u}}{\partial x} n_x + \frac{\partial \bar{u}}{\partial y} n_y = \frac{\partial \bar{u}}{\partial n} = \bar{q} \quad (47)$$

Calculando a integral de domínio à direita na equação (46), tem-se:

$$\int_\Omega \left(\frac{\partial \bar{u}}{\partial x} \frac{\partial w}{\partial x} + \frac{\partial \bar{u}}{\partial y} \frac{\partial w}{\partial y} \right) d\Omega = \int_\Gamma \left(\frac{\partial w}{\partial x} n_x + \frac{\partial w}{\partial y} n_y \right) \bar{u} \, d\Gamma - \int_\Omega \left(\frac{\partial^2 w}{\partial x^2} + \frac{\partial^2 w}{\partial y^2} \right) \bar{u} \, d\Omega \quad (48)$$

onde:

$$\frac{\partial w}{\partial x} n_x + \frac{\partial w}{\partial y} n_y = \frac{\partial w}{\partial n} \quad (49)$$

Substituindo a equação (48) na equação (46):

$$\int_\Omega \left(\nabla^2 \bar{u} \right) w \, d\Omega = \int_\Gamma \bar{q} \, w \, d\Gamma - \int_\Gamma \bar{u} \frac{\partial w}{\partial n} d\Gamma + \int_\Omega \nabla^2 w \, \bar{u} \, d\Omega \quad (50)$$

e depois a equação (50) na equação (45), tem-se:

$$\int_\Omega \nabla^2 w\, \overline{u}\, d\Omega - \int_\Omega b\, w\, d\Omega + \int_\Gamma \overline{q}\, w\, d\Gamma - \int_\Gamma \overline{u}\, \frac{\partial w}{\partial n}\, d\Gamma + \qquad (51)$$

$$\int_{\Gamma_u} \left(\overline{u} - \hat{u}\right) w_1\, d\Gamma + \int_{\Gamma_q} \left(\overline{q} - \hat{q}\right) w_2\, d\Gamma = 0$$

Fazendo $w_1 = -w$ e $w_2 = \dfrac{\partial w}{\partial n}$ na equação (51), aplicando o resultado na equação (45) e levando em consideração que $\Gamma = \Gamma_u \cup \Gamma_q$, obtém-se a equação denominada formulação inversa de resíduos ponderados:

$$\int_\Omega \nabla^2 w\, \overline{u}\, d\Omega = \int_\Omega b\, w\, d\Omega + \int_\Gamma \overline{u}\, \frac{\partial w}{\partial n}\, d\Gamma - \int_\Gamma \overline{q}\, w\, d\Gamma \qquad (52)$$

No Método dos Elementos de Contorno, a função de ponderação w é a solução do problema singular equivalente, isto é, é a solução fundamental para o operador diferencial. Para a equação de Poisson a solução fundamental para o operador adjunto Laplaciano, representada por $w = u^*(\xi, X)$, é a solução do problema:

$$\nabla^2 w = -\delta(\xi, X) \qquad (53)$$

onde $X = (x, y)$, $X \in \Omega$ e $\delta(\xi, X)$ representa a função Delta de Dirac em um ponto fonte ξ e X é denominado ponto campo.

Assim, $u^*(\xi, X)$ pode ser interpretada como o efeito, no ponto campo X, de uma fonte concentrada unitária aplicada no ponto fonte ξ.

Em duas dimensões, X é o ponto de coordenadas $(x, y) = (x_1, x_2)$ e ξ é o ponto de coordenadas $(\xi_x, \xi_y) = (\xi_1, \xi_2)$. De acordo com GREENBERG (1971), a expressão de $u^*(\xi, X)$ é:

$$u^*(\xi, X) = \frac{1}{2\pi} \ln\left(\frac{1}{r}\right) \qquad (54)$$

onde $r = |X - \xi|$ é a distância entre X e ξ (vide Apêndice).

Conhecida a solução fundamental do problema, a sua derivada em relação à direção normal ao contorno é denotada por $q*$ e calculada como:

$$q*(\xi,X) = \frac{\partial u*}{\partial r}\frac{dr}{dn} = -\frac{1}{2\pi r}\frac{dr}{dn} \qquad (55)$$

Aplicando a solução fundamental (54) e sua derivada (55) na equação (52) e mudando $\overline{u}$ para $u(X)$ e $\overline{q}$ para $q(X)$, tem-se:

$$\int_\Omega -\delta(X-\xi)u(X)\,d\Omega = \int_\Gamma q*(\xi,X)u(X)\,d\Gamma - \int_\Gamma u*(\xi,X)q(X)\,d\Gamma + \int_\Omega bu*(\xi,X)\,d\Omega \qquad (56)$$

A integral de domínio do lado esquerdo da equação (56) se reduz a:

$$-\int_\Omega \delta(\xi-X)u(\xi)\,d\Omega = -u(\xi) \qquad (57)$$

Da substituição da equação (57) na equação (56), resulta a equação integral para pontos internos:

$$u(\xi) = \int_\Gamma u*(\xi,X)q(X)\,d\Gamma - \int_\Gamma q*(\xi,X)u(X)\,d\Gamma - \int_\Omega bu*(\xi,X)\,d\Omega \qquad (58)$$

Embora a equação integral (58) represente a solução do problema para pontos ξ pertencentes ao domínio, ela não pode ser utilizada enquanto os valores de $q(X)$ em Γ_u e de $u(X)$ em Γ_q não forem conhecidos. Para resolver esse problema, torna-se necessário encontrar uma expressão limite da equação (58), na qual $\xi \in \Gamma$.

Para a obtenção da expressão limite, que torna possível a solução do problema, o ponto ξ é levado ao contorno. Em seguida, exclui-se um círculo (ou semicírculo) de raio ε e centro em ξ do domínio e calcula-se o limite quando $\varepsilon \to 0$ (Figura 3).

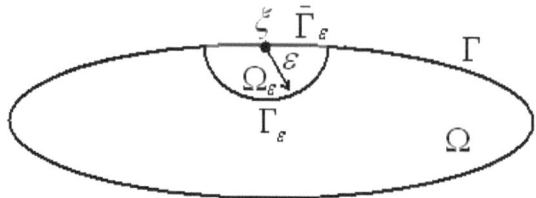

Figura 3 – Ilustração do uso de um domínio virtual para contornar um ponto de indeterminação quando $r = |X - \xi| = 0$.

Observações:

Se Ω_ε é o domínio excluído, em $(\Omega - \Omega_\varepsilon)$, tem-se $\nabla^2 u^*(\xi, X) = 0$ porque $\xi \notin (\Omega - \Omega_\varepsilon)$.

As integrais de contorno devem ser avaliadas em $(\Gamma - \bar{\Gamma}_\varepsilon)$, onde $\bar{\Gamma}_\varepsilon$ representa o contorno excluído de Γ, e em Γ_ε, que representa o contorno do semicírculo.

Assim, a equação (56) é escrita como:

$$\lim_{\varepsilon \to 0} \Big(\int_{\Gamma - \bar{\Gamma}_\varepsilon} q^*(\xi, X) u(X) d\Gamma + \int_{\Gamma_\varepsilon} q^*(\xi, X) u(X) d\Gamma - \qquad (59)$$
$$\int_{\Gamma - \bar{\Gamma}_\varepsilon} u^*(\xi, X) q(X) d\Gamma - \int_{\Gamma_\varepsilon} u^*(\xi, X) q(X) d\Gamma -$$
$$\int_{\Omega - \Omega_\varepsilon} b u^*(\xi, X) d\Omega \Big) = 0$$

As integrais em Γ_ε podem ser calculadas utilizando coordenadas polares, fazendo $r = \varepsilon = constante$, $d\Gamma = \varepsilon\, d\theta$ e $X' = (r, \theta)$ (Figura 4):

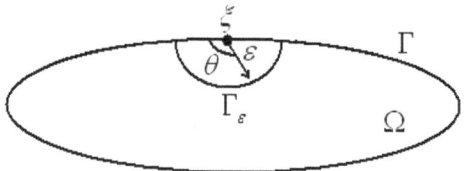

Figura 4 – Uso de coordenadas polares.

$$\lim_{\varepsilon \to 0} \left(\int_{\Gamma_\varepsilon} u^*(\xi, X) q(X') d\Gamma \right) = \lim_{\varepsilon \to 0} \left(\int_0^\theta \left(\frac{-1}{2\pi} \right) \ln \varepsilon\, q(X')\, \varepsilon\, d\theta \right) \qquad (60)$$

No limite $\varepsilon \to 0$, utilizando a regra de L'Hopital obtém-se o seguinte resultado:

$$\lim_{\varepsilon \to 0} \left(\int_{\Gamma_\varepsilon} u^*(\xi, X) q(X') d\Gamma \right) = 0 \tag{61}$$

Para a integral que contém $q^*(\xi, X)$, o limite pode ser calculado como:

$$\lim_{\varepsilon \to 0} \left(\int_{\Gamma_\varepsilon} q^*(\xi, X) u(X) d\Gamma \right) = \lim_{\varepsilon \to 0} \left[\int_{\Gamma_\varepsilon} q^* \left(u(X) - u(\xi) \right) d\Gamma + u(\xi) \int_{\Gamma_\varepsilon} q^* d\Gamma \right] \tag{62}$$

Utilizando a equação (55) na equação (62), obtém-se:

$$\lim_{\varepsilon \to 0} \left(\int_{\Gamma_\varepsilon} q^*(\xi, X) u(X) d\Gamma \right) = \lim_{\varepsilon \to 0} \left(u(\xi) \int_0^\theta \frac{-1}{2\pi \varepsilon} \frac{dr}{dn} \varepsilon \, d\theta \right) = \tag{(63)}$$

$$\lim_{\varepsilon \to 0} \left(u(\xi) \int_0^\theta \frac{-1}{2\pi} (-1) d\theta \right) = u(\xi) \frac{\theta}{2\pi}$$

O termo $\dfrac{\theta}{2\pi}$ é designado por $C(\xi)$. Assim:

$$C(\xi) = \begin{cases} 0, \, se \, \xi \notin \Omega \\ \dfrac{1}{2}, \, se \, \xi \, \acute{e} \, ponto \, de \, contorno \, suave \, (\theta = \pi) \\ 1, \, se \, \xi \in \Omega \end{cases} \tag{64}$$

As integrais em $\Gamma - \bar{\Gamma}_\varepsilon$ devem ser calculadas no sentido de Valor Principal de Cauchy (vide Apêndice). A integral em $\Omega - \Omega_\varepsilon$ não requer tratamento especial. Assim, para a equação de Poisson, a equação integral básica do Método dos Elementos de Contorno é:

$$C(\xi) u(\xi) = \int_\Gamma u^*(\xi, X) q(X) \, d\Gamma - \int_\Gamma q^*(\xi, X) u(X) d\Gamma - \tag{65}$$
$$\int_\Omega b \, u^*(\xi, X) d\Omega$$

Da qual a equação (58) pode ser considerada um caso particular.

3.2.1 Exemplos resolvidos

a) Para a equação de Poisson, $\frac{\partial^2 u}{\partial x^2} + \frac{\partial^2 u}{\partial y^2} - b = 0$, com $0 \leq x \leq L$, $0 \leq y \leq L$, $L = 2$, sob as condições de contorno $q(x,0) = 0$, $u(2,y) = 2$, $q(x,2) = 0$, $u(0,y) = 1$, apresente soluções para as incógnitas $u(x,0)$, $q(2,y)$, $u(x,2)$ e $q(0,y)$, assumindo $b=0$, equação de Laplace. Adote $u*(\xi, X) = \frac{1}{2\pi} \ln\left(\frac{1}{r}\right)$.

Solução:

Fazendo $u_1 = u(x,0)$, $u_2 = u(2,y)$, $u_3 = u(x,2)$, $u_4 = u(0,y)$, $q_1 = q(x,0)$, $q_2 = q(2,y)$, $q_3 = q(x,2)$, $q_4 = q(0,y)$, tem-se a Figura 5 como ilustração do problema:

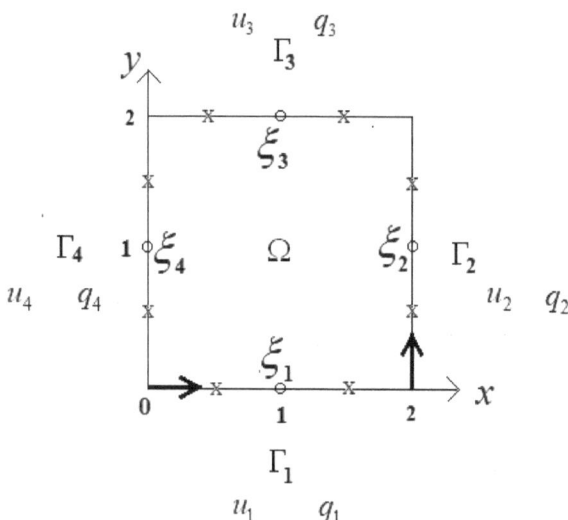

Figura 5 – Ilustração da discretização do domínio do problema em elementos de contorno.

Na figura anterior são adotados elementos de contorno constantes, ou seja, cada aresta do quadrado apresenta um único valor para u e q. Com $i = 1, 2, 3,$ e 4, o contorno é dado por $\Gamma = \sum_{i=1}^{4} \Gamma_i$, ξ_i são os pontos fonte e x representa cada ponto campo que será utilizado para calcular as integrais de contorno. A localização de ξ_i na metade de cada elemento é justificada pela mudança de variáveis para integração numérica com dois pontos de Gauss (x) (vide Apêndice), cujo Jacobiano de transformação é $L/2$.

Discretizando a equação (65), com $b = 0$ e número de elementos $ne = 4$, de acordo com a figura anterior, temos:

$$C(\xi)_i u(\xi)_i = \sum_{j=1}^{ne} \int_{\Gamma_{i,j}} u^*(\xi,X) q(X)_i \, d\Gamma_{i,j} - \sum_{j=1}^{ne} \int_{\Gamma_{i,j}} q^*(\xi,X) u(X)_i \, d\Gamma_{i,j} \qquad (66)$$

Reescrevendo a equação (66) de forma simplificada e considerando u e q como constantes, tem-se:

$$C_i u_i = \sum_{j=1}^{ne} \int_{\Gamma_{i,j}} u^* \, d\Gamma_{i,j} \, q_i - \sum_{j=1}^{ne} \int_{\Gamma_{i,j}} q^* d\Gamma_{i,j} \, u_i \qquad (67)$$

Calculando as integrais $\int_{\Gamma_{i,j}} u^* \, d\Gamma_{i,j}$ com $i = 1$ e $j = 1$, no sentido do Valor Principal de Cauchy, como representado na figura a seguir a qual traz uma parte da figura completa:

Temos:

$$\int_{\Gamma_{1,1}} u^* \, d\Gamma_{1,1} = \int_{\Gamma_{1,1}} \frac{-1}{2\pi} \ln|r| \, d\Gamma_{1,1} = \frac{-1}{2\pi}\left[\int_0^1 \ln(\xi_1 - x)\,dx + \int_1^2 \ln(x - \xi_1)\,dx\right] = \frac{1}{\pi}$$

Analisando o resultado obtido e a figura completa, conclui-se que quando $i = j$, o resultado dessas integrais é o mesmo. Assim, chamando de G_{ij} a solução das integrais $\int_{\Gamma_{i,j}} u^* \, d\Gamma_{i,j}$, com $i = j$, temos:

$G_{11} = G_{22} = G_{33} = G_{44} = \dfrac{1}{\pi} = 0.3183$, (com quatro casas decimais).

As integrais $\int_{\Gamma_{i,j}} u^* \, d\Gamma_{i,j}$ com $i \neq j$ são calculadas numericamente com o uso da Quadratura de Gauss. Na figura a seguir ilustra-se uma parte da figura completa, na qual são utilizados dois pontos (x) de integração, cujas equações de mudança de variável são:

$$x(\eta) = \frac{(1-\eta)}{2} x_1 + \frac{(1-\eta)}{2} x_2 \qquad y(\eta) = \frac{(1-\eta)}{2} y_1 + \frac{(1-\eta)}{2} y_2$$

onde η são coordenadas homogêneas que, com dois pontos, assume os valores $\eta_1 = \frac{\sqrt{3}}{3}$ e $\eta_2 = -\frac{\sqrt{3}}{3}$. Os extremos do intervalo $0 \leq x \leq 2$ são, respectivamente, os valores de x_1 e x_2, assim como, y_1 e y_2 para $0 \leq y \leq 2$. Ainda para dois pontos de integração, os pesos de Gauss são $\omega_1 = \omega_2 = 1$.

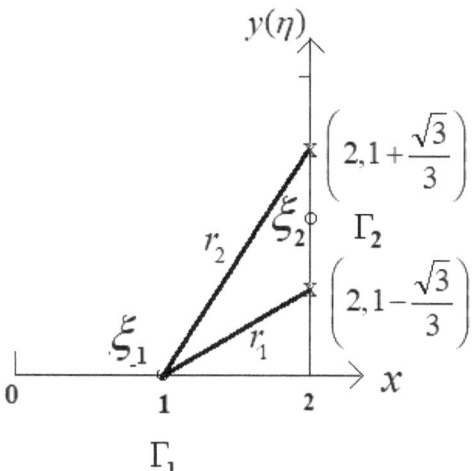

Observe que o valor de x não precisa ser transformado, ou seja, nessa integração x vale 2. Já os valores para y_η são $y_{\eta_1} = 1 - \frac{\sqrt{3}}{3}$ e $y_{\eta_2} = 1 + \frac{\sqrt{3}}{3}$.

Os valores de r_1 e r_2 são as distâncias euclidianas:

$$r_1 = \sqrt{(x_2 - \xi_{x_1})^2 + (y_{\eta_1} - \xi_{y_1})^2} \quad \text{e} \quad r_2 = \sqrt{(x_2 - \xi_{x_1})^2 + (y_{\eta_2} - \xi_{y_1})^2}$$

Com $i=1$ e $j=2$, a integral $\int_{\Gamma_{1,2}} u^* \, d\Gamma_{1,2}$ é:

$$G_{12} = \int_{\Gamma_{1,2}} u * d\Gamma_{1,2} = \sum_{m=1}^{2} f(r_m)\omega_m |J| =$$

$$\sum_{m=1}^{2} u*(r_m)\omega_m |J| = -\frac{1}{2\pi}\ln(r_1)\omega_1 - \frac{1}{2\pi}\ln(r_2)\omega_2 = -0.1125$$

Analisando o resultado obtido e a figura completa, conclui-se que $G_{12}=G_{23}=G_{34}=G_{41}=G_{21}=G_{32}=G_{43}=G_{14}=-0.1125$.

Utilizando a mesma metodologia, calcula-se $G_{13}=G_{24}=G_{31}=G_{42}=-0.2333$, cuja figura a seguir ilustra as variáveis envolvidas nessas integrais.

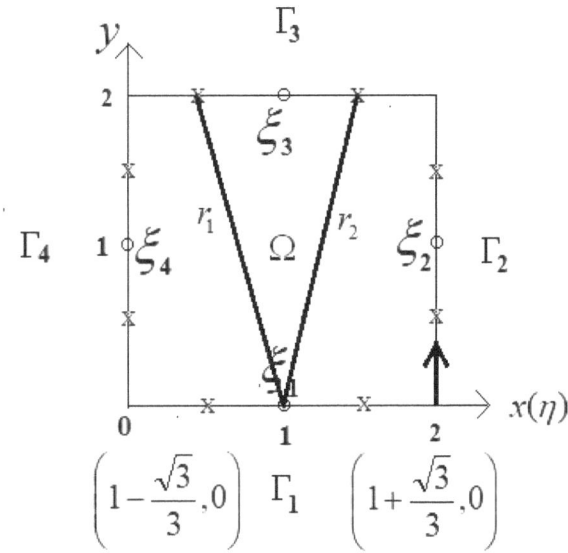

Em forma matricial, a matriz G, calculada a partir das integrais $\int_{\Gamma_{i,j}} u * d\Gamma_{i,j}$, é:

$$G = \begin{bmatrix} 0.3183 & -0.1124 & -0.2333 & -0.1124 \\ -0.1124 & 0.3183 & -0.1124 & -0.2333 \\ -0.2333 & -0.1124 & 0.3183 & -0.1124 \\ -0.1124 & -0.2333 & -0.1124 & 0.3183 \end{bmatrix}$$

Chamando de $\underset{\sim}{H}_{ij}$, as integrais $\int_{\Gamma_{i,j}} q * d\Gamma_{i,j}$, quando $i=j=1$, temos:

$$H_{\sim 11} = \int_{\Gamma_{1,1}} \frac{-1}{2\pi} \frac{\partial r}{\partial n} d\Gamma_{1,1}$$

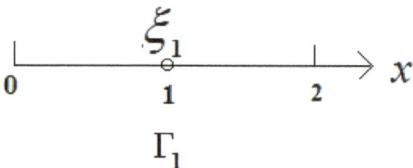

Assim,

$$H_{\sim 11} = \int_{\Gamma_{1,1}} \frac{-1}{2\pi} \frac{\partial r}{\partial n} d\Gamma_{1,1} = \int_{\Gamma_{1,1}} \frac{-1}{2\pi} \frac{\partial r}{\partial n} d\Gamma_{1,1} =$$

$$\frac{-1}{2\pi}\left[\int_0^1 \frac{1}{(\xi_1 - x)} \frac{\partial(\xi_1 - x)}{\partial n} dx + \int_1^2 \frac{1}{(x - \xi_1)} \frac{\partial(x - \xi_1)}{\partial n} dx\right] = 0; \ pois \ \frac{\partial r}{\partial n} = 0.$$

Analisando o resultado obtido e a figura completa, conclui-se que quando $i = j$, o resultado das integrais H_{ij} é o mesmo. Ou seja, $\underset{\sim}{H}_{11} = \underset{\sim}{H}_{22} = \underset{\sim}{H}_{33} = \underset{\sim}{H}_{44} = 0$.

As integrais $\underset{\sim}{H}_{ij} = \int_{\Gamma_{i,j}} q^* d\Gamma_{i,j}$, com $i \neq j$ são calculadas numericamente com o uso da Quadratura de Gauss, como cálculo já apresentado para G_{ij}. Na figura a seguir ilustra-se uma parte da figura completa:

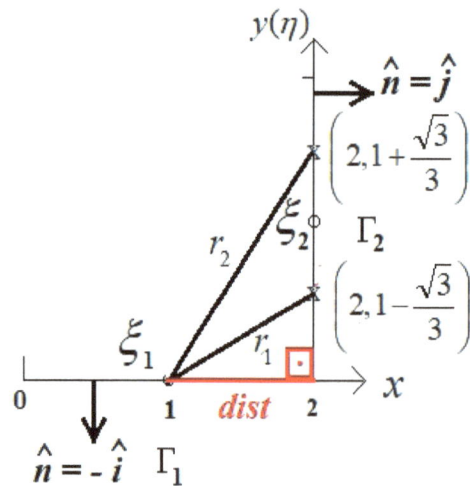

onde *dist* representa a distância a partir do ponto de integração e ξ_1 até uma linha tangente ao elemento que se está integrando, nesse caso, Γ_2.

A função $q^*(\xi, X) = \dfrac{\partial u^*}{\partial r}\dfrac{dr}{dn} = -\dfrac{1}{2\pi r}\dfrac{dr}{dn}$, requer o cálculo da normal (Figura 6) a cada elemento de contorno em cada integração, como segue:

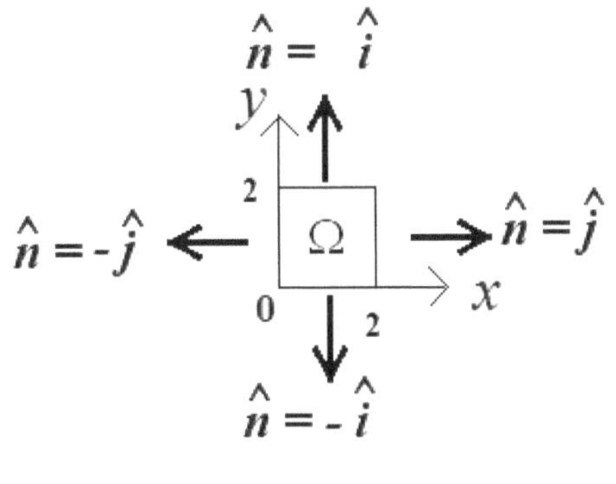

Figura 6 – Ilustração da normais para o cálculo das integrais com q^*.

Com $i=1$ e $j=2$, a integral $\int_{\Gamma_{1,2}} q^* \, d\Gamma_{1,2}$ é:

$$\underset{\sim}{H}_{12} = \int_{\Gamma_{1,2}} q^* \, d\Gamma_{1,2} = \sum_{m=1}^{2} f(r_m)\omega_m |J_m| =$$

$$\sum_{m=1}^{2} -\frac{1}{2\pi r_m} n_m \omega_m |dist_m| \, ||J_m| = -\frac{1}{2\pi}\left[\frac{1}{r_1}n_1\omega_1 \cdot 1 \cdot 1 + \frac{1}{r_2}n_2\omega_2 \cdot 1 \cdot 1\right] = -0.1807$$

Analisando o resultado obtido e a figura completa, conclui-se que $\underset{\sim}{H}_{12} = \underset{\sim}{H}_{23} = \underset{\sim}{H}_{34} = \underset{\sim}{H}_{41} = \underset{\sim}{H}_{21} = \underset{\sim}{H}_{32} = \underset{\sim}{H}_{43} = \underset{\sim}{H}_{14} = -0.1807$.

Com $i=1$ e $j=3$, a integral $\int_{\Gamma_{1,3}} q^* \, d\Gamma_{1,3}$ é:

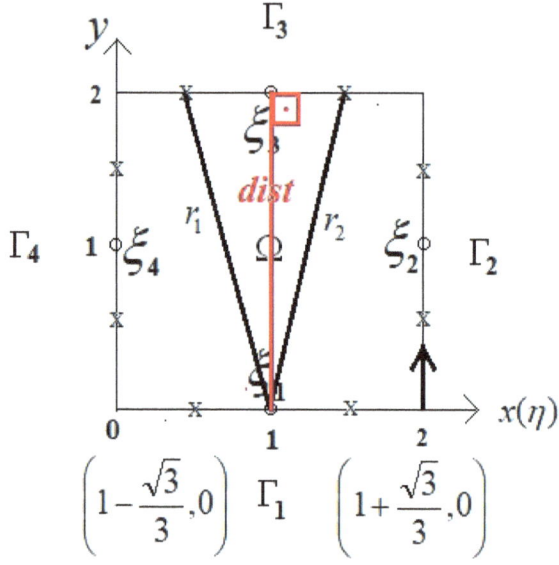

$$H_{\underset{\sim}{13}} = \int_{\Gamma_{1,3}} q^* \, d\Gamma_{1,3} = \sum_{m=1}^{2} f(r_m) \omega_m |J_m| =$$

$$\sum_{m=1}^{2} -\frac{1}{2\pi r_m} n_m \omega_m |dist_m||J_m| = -\frac{1}{2\pi}\left[\frac{1}{r_1} n_1 \omega_1 \cdot 2 \cdot 1 + \frac{1}{r_2} n_2 \omega_2 \cdot 2 \cdot 1\right] = -0.1469$$

Analisando o resultado obtido e a figura completa, conclui-se que $H_{\underset{\sim}{13}} = H_{\underset{\sim}{31}} = H_{\underset{\sim}{24}} = H_{\underset{\sim}{42}} = -0.1469$.

Em forma matricial, a matriz $\underset{\sim}{H}$, calculada a partir das integrais $\int_{\Gamma_{i,j}} q^* \, d\Gamma_{i,j}$, é:

$$\underset{\sim}{H} = \begin{bmatrix} 0 & -0.1807 & -0.1469 & -0.1807 \\ -0.1807 & 0 & -0.1807 & -0.1469 \\ -0.1469 & -0.1807 & 0 & -0.1807 \\ -0.1807 & -0.1469 & -0.1807 & 0 \end{bmatrix}$$

Substituindo G e $\underset{\sim}{H}$ na equação discretizada (65),

$$C_i u_i = G q_i - \underset{\sim}{H} u_i$$

o coeficiente para C_i vale $\frac{1}{2}$, pois ξ é ponto de contorno suave ($\theta = \pi$) (equação (64)). Dessa forma, a matriz $H = \frac{1}{2}[I] + \underset{\sim}{H}$, onde I é a matriz identidade, tornando possível a montagem do seguinte sistema matricial de equações:

$$Hu = Gq \qquad (68)$$

Nesse problema é, o sistema vale:

$$\begin{bmatrix} 0.5 & -0.1807 & -0.1469 & -0.1807 \\ -0.1807 & 0.5 & -0.1807 & -0.1469 \\ -0.1469 & -0.1807 & 0.5 & -0.1807 \\ -0.1807 & -0.1469 & -0.1807 & 0.5 \end{bmatrix} \begin{bmatrix} u_1 \\ u_2 \\ u_3 \\ u_4 \end{bmatrix} = $$

$$\begin{bmatrix} 0.3183 & -0.1124 & -0.2333 & -0.1124 \\ -0.1124 & 0.3183 & -0.1124 & -0.2333 \\ -0.2333 & -0.1124 & 0.3183 & -0.1124 \\ -0.1124 & -0.2333 & -0.1124 & 0.3183 \end{bmatrix} \begin{bmatrix} q_1 \\ q_2 \\ q_3 \\ q_4 \end{bmatrix} \qquad (69)$$

Aplicando as condições de contorno $q_1 = q(x,0) = 0$, $u_2 = u(2,y) = 2$, $q_3 = q(x,2) = 0$ e $u_4 = u(0,y) = 1$, tem-se a solução para cada uma das incógnitas $u_1 = u(x,0)$, $q_2 = q(2,y)$, $u_3 = u(x,2)$ e $q_4 = q(0,y)$:

$$\begin{bmatrix} u_1 \\ q_2 \\ u_3 \\ q_4 \end{bmatrix} = \begin{bmatrix} 1.5000 \\ 0.5873 \\ 1.5000 \\ -0.5873 \end{bmatrix}$$

A solução analítica para o problema é $u(x,y) = 1 + \frac{x}{2}$.

$$\begin{bmatrix} u_1 \\ q_2 \\ u_3 \\ q_4 \end{bmatrix} = \begin{bmatrix} 1.5000 \\ 0.5000 \\ 1.5000 \\ -0.5000 \end{bmatrix}$$

O resultado do MEC é ilustrado pela Figura 7:

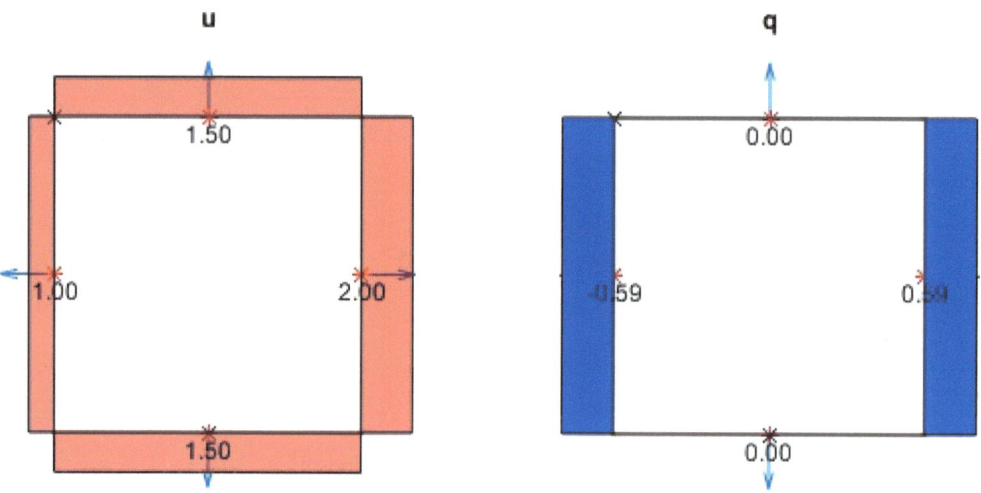

Figura 7 – Ilustração da solução do MEC para u e q com 4 elementos constantes de contorno.

Os resultados para u e q foram obtidos com quatro elementos constantes de contorno e dois pontos de Gauss.

A precisão dessa formulação pode ser aumentada com o uso de um número maior de elementos de contorno e de pontos de integração de Gauss. As figuras a seguir ilustram casos onde foram adotados, 8 (Figura 8), 16 (Figura 9) e 40 (Figura 10) elementos de contorno, respectivamente, e dois pontos de Gauss.

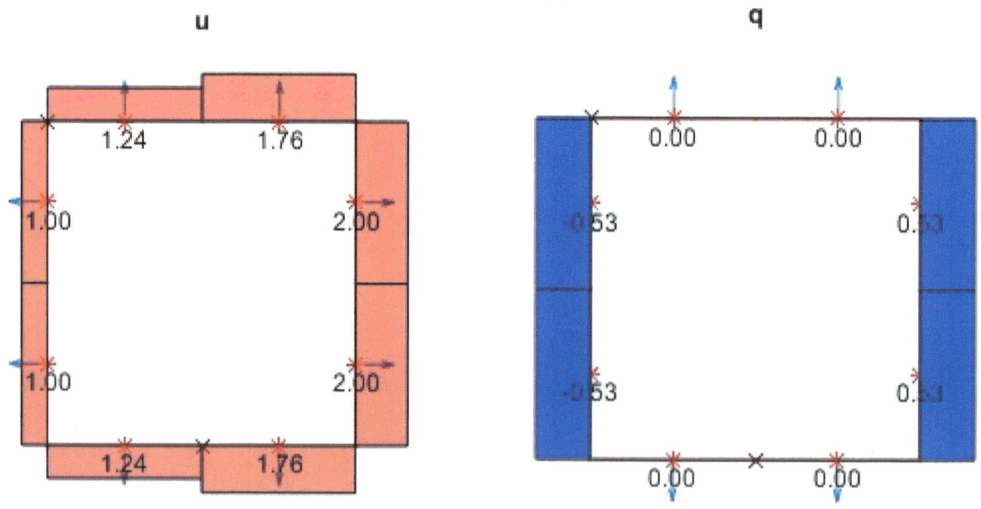

Figura 8 – Ilustração da solução do MEC para u e q com 8 elementos constantes de contorno.

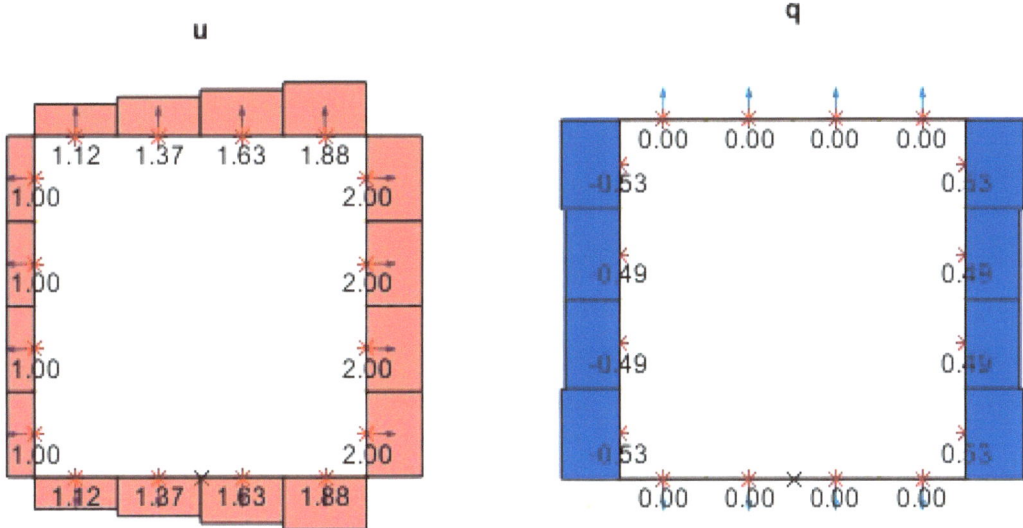

Figura 9 – Ilustração da solução do MEC para u e q com 16 elementos constantes de contorno.

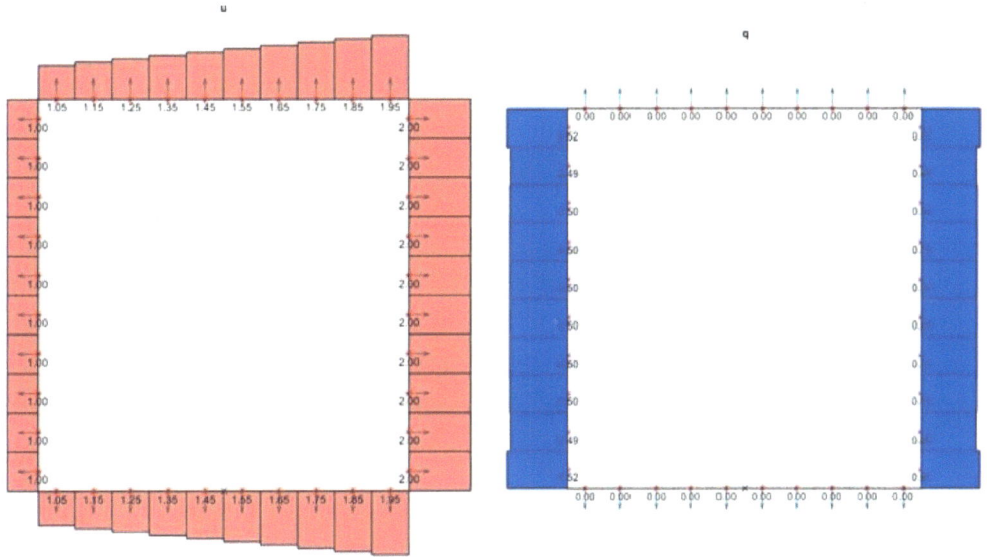

Figura 10 – Ilustração da solução do MEC para u e q com 40 elementos constantes de contorno.

Conforme aumenta-se o número de elementos de contorno, o resultado aproxima-se da solução analítica, ilustrada pela Figura 11:

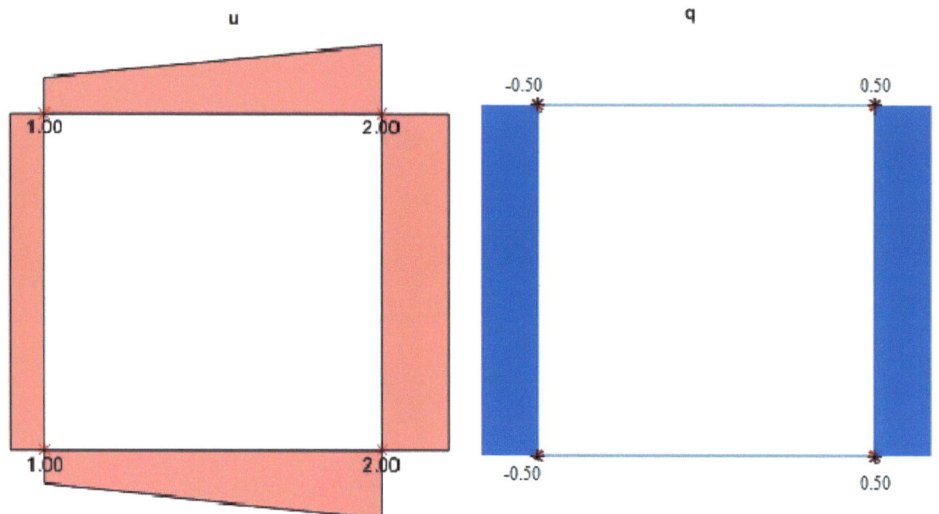

Figura 11 – Ilustração da solução do analítica para o problema da em 3.2.1 a.

b) Para o problema resolvido em a, sob as condições de contorno $q(x,0) = 0$, $q(2,y) = 1$, $q(x,2) = 0$ e $u(0,y) = 0$, apresente soluções para as incógnitas $u(x,0)$, $u(2,y)$, $u(x,2)$, e $q(0,y)$.

Resposta:

Aplicando as condições de contorno $q_1 = q(x,0) = 0$, $q_2 = q(2,y) = 1$, $q_3 = q(x,2) = 0$ e $u_4 = u(0,y) = 0$ na equação (68), tem-se a solução para cada uma das incógnitas $u_1 = u(x,0)$, $u_2 = u(2,y)$, $u_3 = u(x,2)$ e $q_4 = q(0,y)$:

$$\begin{bmatrix} u_1 \\ u_2 \\ u_3 \\ q_4 \end{bmatrix} = \begin{bmatrix} 0.7374 \\ 1.5527 \\ 0.7374 \\ -0.8206 \end{bmatrix}$$

Resultado obtido com quatro elementos constantes e dois pontos de Gauss.

3.3 EQUAÇÃO DE POISSON

A partir da equação (65), reapresentada

$$C(\xi)u(\xi) = \int_\Gamma u^*(\xi,X)q(X)\,d\Gamma - \int_\Gamma q^*(\xi,X)u(X)\,d\Gamma - \int_\Omega bu^*(\xi,X)\,d\Omega$$

quando $b \neq 0$, há a necessidade de se calcular $\int_\Omega bu^*(\xi,X)d\Omega$, cujos determinados procedimentos de cálculo são dados a seguir.

c) Para o problema resolvido em a, assumindo $b=2$, apresente soluções para as incógnitas $u(x,0)$, $q(2,y)$, $u(x,2)$ e $q(0,y)$.

3.3.1 Integração do domínio: Método Monte Carlo

Uma abordagem possível é o uso Método Monte Carlo, que consiste em aproximar a integral de domínio com a soma ponderada de N pontos randômicos do domínio no qual a função é avaliada. Em duas dimensões, a integral de domínio é aproximada por:

$$\int_\Omega bu^*(\xi,X)d\Omega = \frac{A_\Omega}{N}\sum_{p=1}^{p=N} bu^*(\xi,X_p) = \frac{A_\Omega b}{N}\sum_{p=1}^{p=N}\frac{1}{2\pi}\ln\left(\frac{1}{r_p}\right) \qquad (70)$$

onde A_Ω é a área do domínio e $r_p = |\xi - X_p|$.

Indicando a integral de domínio como $B_i = \int_\Omega bu^*(\xi,X)d\Omega$, com $i = 1, 2, 3$ e 4, ξ_1, ξ_2, ξ_3, ξ_4, e com 10^6 pontos randômicos para integração, B_i fica:

$$B_i = \begin{bmatrix} -0.0576 \\ -0.0568 \\ -0.0575 \\ -0.0580 \end{bmatrix}$$

Reescrevendo a equação (66) de forma simplificada e considerando u e q como constantes, tem-se:

$$C_i u_i = \sum_{j=1}^{ne} \int_{\Gamma_{i,j}} u^* d\Gamma_{i,j}\, q_j - \sum_{j=1}^{ne} \int_{\Gamma_{i,j}} q^* d\Gamma_{i,j}\, u_j - B_i \tag{71}$$

originando o seguinte sistema matricial de equações:

$$Hu = Gq - B \tag{72}$$

que nesse problema é:

$$\begin{bmatrix} 0.5 & -0.1807 & -0.1469 & -0.1807 \\ -0.1807 & 0.5 & -0.1807 & -0.1469 \\ -0.1469 & -0.1807 & 0.5 & -0.1807 \\ -0.1807 & -0.1469 & -0.1807 & 0.5 \end{bmatrix} \begin{bmatrix} u_1 \\ u_2 \\ u_3 \\ u_4 \end{bmatrix} =$$

$$\begin{bmatrix} 0.3183 & -0.1124 & -0.2333 & -0.1124 \\ -0.1124 & 0.3183 & -0.1124 & -0.2333 \\ -0.2333 & -0.1124 & 0.3183 & -0.1124 \\ -0.1124 & -0.2333 & -0.1124 & 0.3183 \end{bmatrix} \begin{bmatrix} q_1 \\ q_2 \\ q_3 \\ q_4 \end{bmatrix} - \begin{bmatrix} -0.0576 \\ -0.0568 \\ -0.0575 \\ -0.0580 \end{bmatrix} \tag{73}$$

Aplicando as condições de contorno $q_1 = q(x,0) = 0$, $u_2 = u(2,y) = 2$, $q_3 = q(x,2) = 0$ e $u_4 = u(0,y) = 1$, tem-se a solução para cada uma das incógnitas $u_1 = u(x,0)$, $q_2 = q(2,y)$, $u_3 = u(x,2)$ e $q_4 = q(0,y)$:

$$\begin{bmatrix} u_1 \\ q_2 \\ u_3 \\ q_4 \end{bmatrix} = \begin{bmatrix} 1.0784 \\ 1.5598 \\ 1.0783 \\ 0.3849 \end{bmatrix}$$

A solução analítica para o problema é $u(x,y) = x^2 - \dfrac{3x}{2} + 1$, que avaliando-a no em $u_1 = u(1,0)$, $q_2 = q(2,y)$, $u_3 = u(1,2)$ e $q_4 = q(0,y)$, tem-se:

$$\begin{bmatrix} u_1 \\ q_2 \\ u_3 \\ q_4 \end{bmatrix} = \begin{bmatrix} 0.5000 \\ 2.5000 \\ 0.5000 \\ 1.5000 \end{bmatrix}$$

O resultado numérico distancia-se do resultado analítico quando são utilizados apenas quatro elementos de contorno. Dessa forma, nos testes seguintes foram adotados 20 (Figura 12), 44 (Figura 13) e 84 (Figura 14) elementos de contorno e foi mantido o número de pontos randômicos para a integral de domínio. As figuras a seguir ilustram os resultado numéricos para esses três testes:

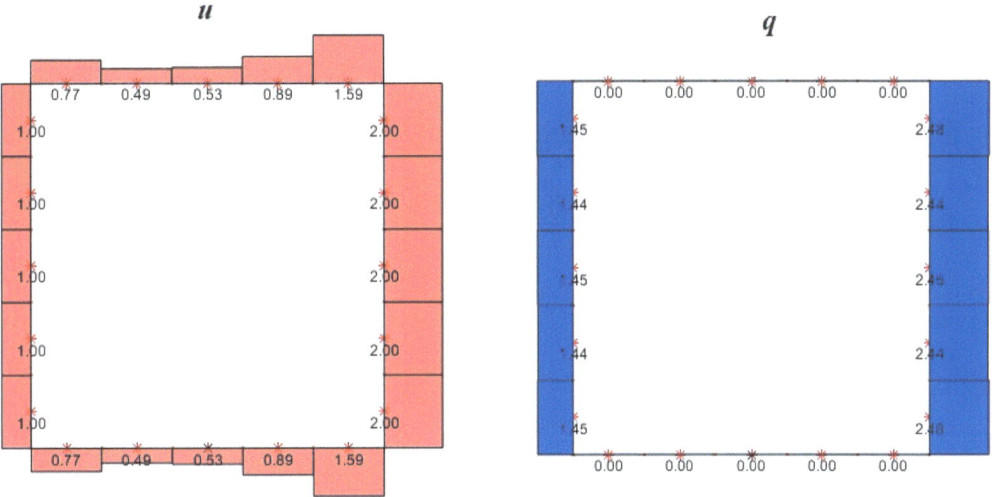

Figura 12 – Ilustração da solução do problema $\nabla^2 u = 2$ com o MEC – 20 elementos e o Método de Monte Carlo sob condições de contorno dadas em 3.2.1 a.

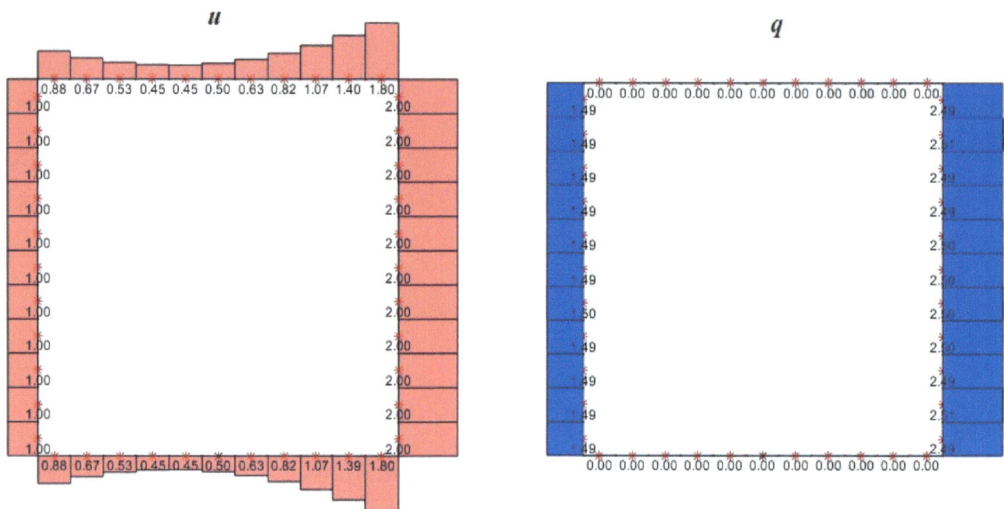

Figura 13 – Ilustração da solução do problema $\nabla^2 u = 2$ com o MEC – 44 elementos e o Método de Monte Carlo sob condições de contorno dadas em 3.2.1 a.

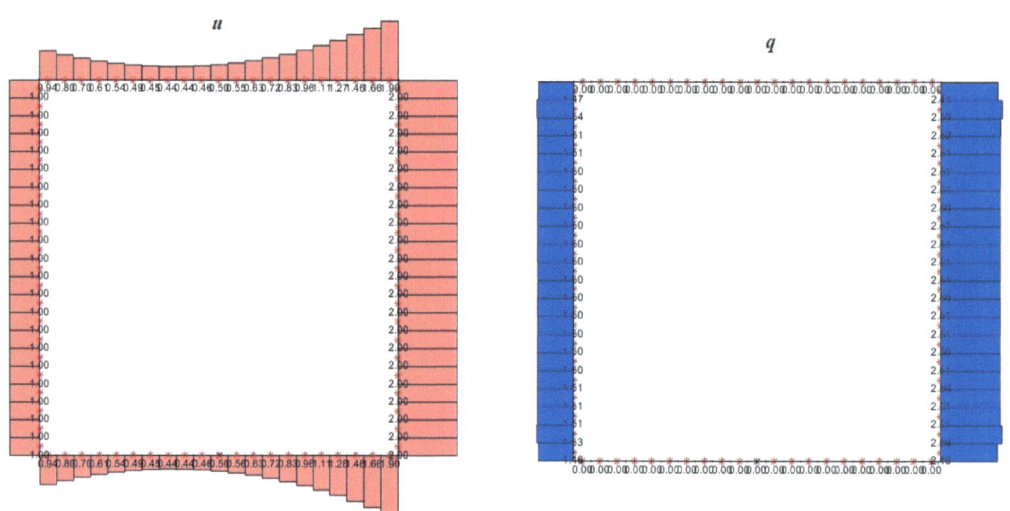

Figura 14 – Ilustração da solução do problema $\nabla^2 u = 2$ com o MEC – 84 elementos e o Método de Monte Carlo sob condições de contorno dadas em 3.2.1 a.

Com o aumento no número de elementos de contorno os resultados aproximam-se significativamente do resultado analítico, aproximação melhor verificada a partir dos vetores comparativos a seguir:

$$\begin{bmatrix} u_1 \\ q_2 \\ u_3 \\ q_4 \end{bmatrix} \rightarrow \begin{bmatrix} 0.5000 \\ 2.5000 \\ 0.5000 \\ 1.5000 \end{bmatrix}_{Analítica} \begin{bmatrix} 0.5308 \\ 2.4488 \\ 0.5283 \\ 1.4494 \end{bmatrix}_{MEC\_DR-20} \begin{bmatrix} 0.5034 \\ 2.4980 \\ 0.5040 \\ 1.4938 \end{bmatrix}_{MEC\_DR-44} \begin{bmatrix} 0.4979 \\ 2.5068 \\ 0.5001 \\ 1.5065 \end{bmatrix}_{MEC\_DR-84}$$

Dependendo da precisão necessária para solução de determinado problema, pode-se optar por um número menor ou maior de elementos de contorno.

d) Para as mesmas condições de contorno do problema anterior, assumindo $b = -2$, e que a solução analítica é $u(x,y) = -x^2 + \dfrac{5x}{2} + 1$, apresente o resultado do MEC para as variáveis em estudos utilizando 44 elementos de contorno e 10^6 pontos randômico para a integral de domínio.

Resposta:

$$\begin{bmatrix} u_1 \\ q_2 \\ u_3 \\ q_4 \end{bmatrix} \rightarrow \begin{bmatrix} 2.5000 \\ -1.5000 \\ 2.5000 \\ -2.5000 \end{bmatrix}_{Analítica} \begin{bmatrix} 2.4755 \\ -1.4573 \\ 2.4784 \\ -2.4582 \end{bmatrix}_{MEC}$$

3.3.2 Integração do domínio: Células

A integral de domínio também pode ser calculada com a discretização do domínio em células. Ilustra-se, nesse caso, o uso de células constantes, cuja função de aproximação é dada por (BREBBIA e DOMINGUEZ, 1989):

$$\psi = 1 \tag{74}$$

Nesse modelo, admite-se que as variáveis apresentam comportamento constante em cada célula. Uma célula genérica é definida pelos vértices $k_1(x_1, y_1)$, $k_2(x_2, y_2)$ e $k_3(x_3, y_3)$, ilustrada na Figura 15.

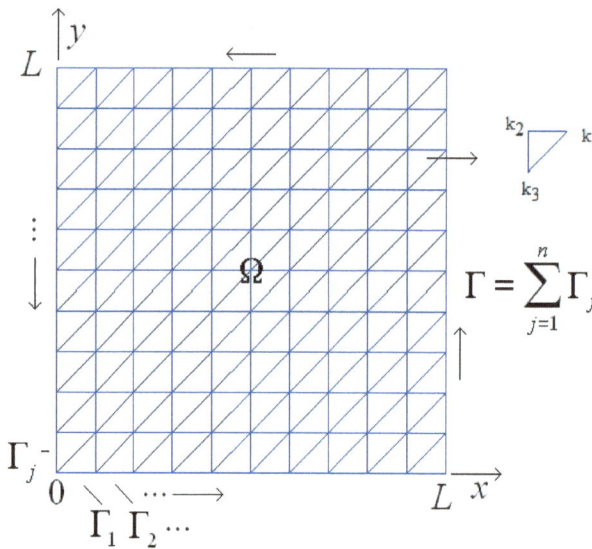

Figura 15 – Ilustração da discretização do domínio do problema em células triangulares.

A integral em $\Omega(x,y)$, nesse caso $\int_{\Omega} b u^*(\xi,X) d\Omega$, é uma integral dupla e pode ser calculada utilizando-se uma transformação no plano a partir dos vértices do triângulo da forma:

$$x = (1-U)x_1 + U[(1-V)x_2 + V x_3] \quad (75)$$
$$y = (1-U)y_1 + U[(1-V)y_2 + V y_3]$$

Tem-se, portanto, U e V (coordenadas do sistema triangular) como funções de x e y, ou seja:

$$U = U(x,y) \quad (76)$$
$$V = V(x,y)$$

Para o cálculo da integral dupla de uma função de duas variáveis, exige-se que a função seja definida numa região fechada[2] em um espaço $\Re^2$ (real de duas dimensões), condição essa, satisfeita pela região triangular de cada célula.

Efetuando tais transformações, faz-se necessário calcular o determinante do Jacobiano de transformação.

---

[2] Uma região fechada é que aquela que inclui sua fronteira (LEITHOLD, 1994).

$$|J| = \begin{vmatrix} \dfrac{\partial x}{\partial U} & \dfrac{\partial x}{\partial V} \\ \dfrac{\partial y}{\partial U} & \dfrac{\partial y}{\partial V} \end{vmatrix} \qquad (77)$$

De acordo com SOUZA e CODA (2005), para a célula triangular plana o determinante do Jacobiano de transformação tem valor numericamente igual ao dobro da área A da célula, ou seja:

$$|J| = 2\,A \qquad (78)$$

Assim, as integrais não singulares em $\Omega(x,y)$ passam a ser calculadas da seguinte forma:

$$\int_\Omega bu^*(\xi,X)\,d\Omega = b\sum_{j=1}^{j=M}\int_0^1\int_0^{1-U} \psi\, u^*(\xi,X_j)\,|J_j|\,dV\,dU \qquad (79)$$

onde ψ é dada por (74), M é o número de células e os limites de integração variam entre 0 e 1 (domínio (U, V)), como ilustrado na Figura 16.

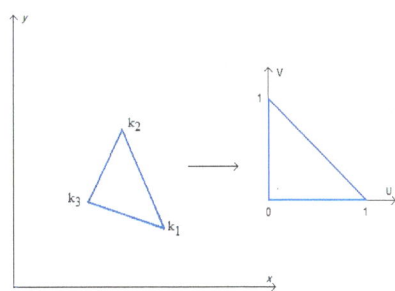

Figura 16 – Transformação de coordenadas de x e y em U e V.

A solução fundamental $u^*(\xi,X)$ é uma função que depende do espaço, adquirindo valores que se relacionam com a posição onde a mesma é avaliada. Nesse exemplo utilizamos células constantes como uma aproximação para variáveis de domínio, definindo um único valor para cada célula, aproximando a integração da solução fundamental com a utilização de um único ponto.

Procedendo da maneira indicada, a solução aproximada da integral dupla não depende mais das variáveis x, y, U e V, mas apenas das coordenadas dos vértices das células e da distância r entre o ponto fonte ξ e o ponto campo X como segue:

$$\int_0^1 \int_0^{1-U} u^*(\xi,X)\,|J|\,dV\,dU = \frac{1}{4\pi}\ln\left(\frac{1}{r}\right)(x_1 y_2 - x_2 y_1 + x_3 y_1 - x_1 y_3 + x_2 y_3 - x_3 y_2) \qquad (80)$$

que corresponde à solução fundamental ponderada pela área A da célula, ou seja:

$$\int_0^1 \int_0^{1-U} u^*(\xi,X)\,|J|\,dV\,dU = A\frac{1}{2\pi}\ln\left(\frac{1}{r}\right) \qquad (81)$$

A distância euclidiana do ponto fonte ξ ao centróide X_b é determinada pelas coordenadas dos vértices das células, onde a coordenada X_b é dada por (Figura 17):

$$X_b = \left(\frac{x_1 + x_2 + x_3}{3}\,,\,\frac{y_1 + y_2 + y_3}{3}\right) \qquad (82)$$

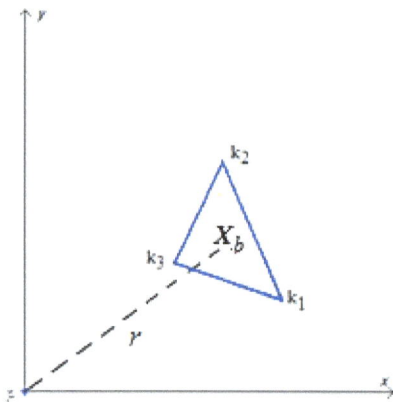

Figura 17 – Ilustração da localização centróide do ponto campo X.

Quando o ponto fonte ξ coincide com o ponto X_b, a integral (81) é fracamente singular. Nesse caso, integra-se tal célula subdividindo-a e alocando pontos de integração no domínio das células, não coincidentes com o ponto fonte ξ como ilustra a Figura 18.

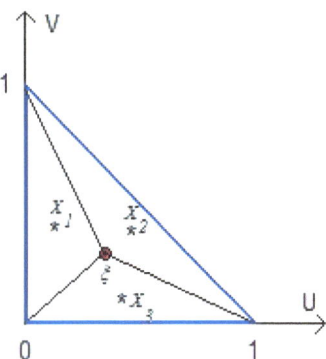

Figura 18 – Ilustração da localização dos pontos de integração para o caso singular ($X=\xi$) e da subdivisão do domínio transformado.

Determinadas as coordenadas dos pontos de integração e as subáreas (A_i) no domínio triangular, a integral singular de domínio é calculada da seguinte forma:

$$\int_\Omega u^*(\xi, X)\, d\Omega = \sum_{i=1}^{i=3} A_i \frac{1}{2\pi} \ln\left(\frac{1}{r_i}\right) \tag{83}$$

onde r_i representa a distância entre ξ e $*x_1$, $*x_2$ e $*x_3$.

Aproximando-se o domínio do problema com 242 células triangulares constantes, com 44 elementos constantes de contorno, de acordo com a Figura 19:

Figura 19 – Ilustração da malha utilizada.

e adotando $b = 2$, temos a solução do MEC (Figura 20) para u e q:

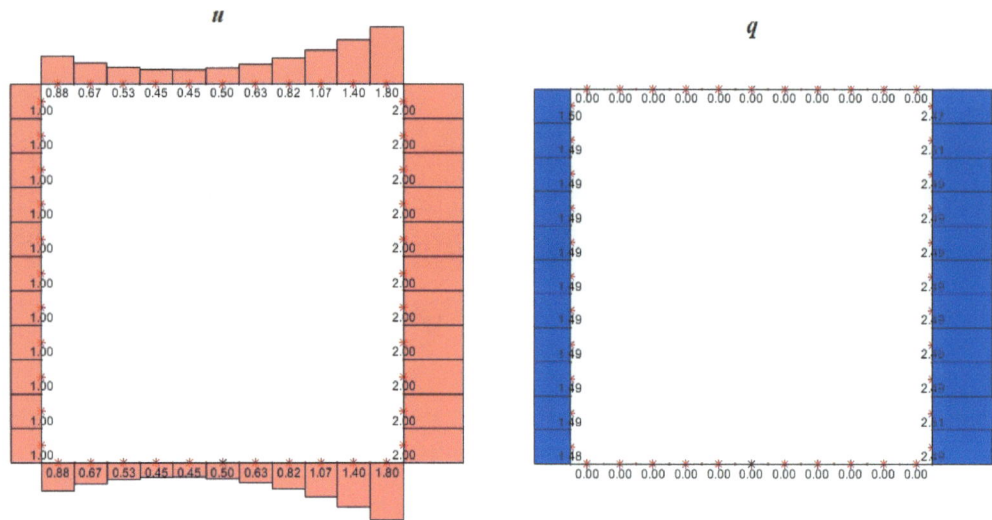

Figura 20 – Ilustração da solução do problema $\nabla^2 u = 2$ com o MEC sob condições de contorno dadas em 3.2.1 a.

Para as mesmas condições de contorno com $b = 2$, temos a solução analítica $u(x,y) = x^2 - \dfrac{3x}{2} + 1$, cujos resultados são apresentados juntos aos obtidos com o MEC:

$$\begin{bmatrix} u_1 \\ q_2 \\ u_3 \\ q_4 \end{bmatrix} \rightarrow \begin{bmatrix} 0.5000 \\ 2.5000 \\ 0.5000 \\ 1.5000 \end{bmatrix}_{Analítica} \begin{bmatrix} 0.5000 \\ 2.4922 \\ 0.5000 \\ 1.4920 \end{bmatrix}_{MEC}$$

Ressalta-se nesse exemplo, que o acréscimo no número de elementos de contorno, bem como o número considerável de células de domínio, oportunizou a obtenção de resultados do MEC com elementos constantes muito próximos aos resultados analíticos para as variáveis em estudo. Dependendo da precisão necessária para solução de determinado problema, pode-se optar por um número menor ou maior de elementos e células com funções de forma constantes, ou ainda, utilizar outras funções de forma como a linear, quadrática, entre outras.

3.3.3 Integração do domínio: Reciprocidade Dupla

A integral de domínio também pode ser calculada com uma técnica chamada de Reciprocidade Dupla (*Dual Reciprocity Boundary Element Method* - DRBEM) (BREEBIA, 1989) que consiste em, dada a equação:

$$\nabla^2 u = b \tag{84}$$

onde $b = b(x,y)$, a solução da equação (84) é expressa como uma soma da solução homogênea, u_h, e a solução particular, $\overset{p}{u}$, como:

$$u(x,y) = u_h + \overset{p}{u} \tag{85}$$

onde $\overset{p}{u}$ é a solução particular da equação de Poisson $\nabla^2 \overset{p}{u} = b$.

Aproximando b a partir de uma combinação linear de funções, pode-se encontrar a solução particular em pontos do domínio e do contorno do problema.

Se *ne* são nós de contorno e *nd* são nós internos, então haverá *ne+nd* funções de interpolação e consequentemente, *ne+nd* soluções particulares, $\overset{p}{u}_j$. A aproximação de b sobre o domínio é escrita para *ne+nd* nós, da seguinte forma:

$$b_i(x,y) \approx \sum_{j=1}^{N+L} \alpha_j f_{ij}(x,y) \tag{86}$$

então tem-se a matriz de coeficiente incógnitos α_j (*j* = 1, 2, ..., *ne+nd*):

$$b = F\alpha$$

$$\begin{bmatrix} b_1(x,y) \\ . \\ . \\ . \\ b_{ne+nd}(x,y) \end{bmatrix} = \begin{bmatrix} f_{11}(x,y) & & \\ & . & \\ & & . \\ & & & . \\ & & & & f_{(ne+nd)(ne+nd)}(x,y) \end{bmatrix} \begin{bmatrix} \alpha_1 \\ . \\ . \\ . \\ \alpha_{ne+nd} \end{bmatrix} \tag{87}$$

A solução particular, $\overset{p}{u}$, e as funções de interpolação f_{ij}, obedecem a seguinte relação:

$$\nabla^2 \overset{p}{u} = f_j \tag{88}$$

Substituindo a equação (88) em (86),

$$b_i(x,y) = \sum_{j=1}^{ne+nd} \alpha_j \left(\nabla^2 \overset{p}{u} \right) \qquad (89)$$

Assim, a partir da equação (88), a equação (84) torna-se:

$$\nabla^2 u = \sum_{j=1}^{ne+nd} \alpha_j \left(\nabla^2 \overset{p}{u} \right) \qquad (90)$$

Adotando a formulação do MEC para a equação (89), ou seja, multiplicando ambos os lados pela solução fundamental e procedendo com as integrações, em termos nodais temos:

$$C_i u_i + \sum_{k=1}^{ne} \int_{\Gamma_{i,k}} q^* d\Gamma_{i,k} u_k - \sum_{k=1}^{ne} \int_{\Gamma_{i,k}} u^* d\Gamma_{i,k} q_k = \\ \sum_{j=1}^{ne+nd} \alpha_j \left(C_i \overset{p}{u}_{ij} + \sum_{k=1}^{ne} \int_{\Gamma_{i,k}} q^* d\Gamma_{i,k} \overset{p}{u}_{kj} - \sum_{k=1}^{ne} \int_{\Gamma_{i,k}} u^* d\Gamma_{i,k} \overset{p}{q}_{kj} \right) \qquad (91)$$

o índice k é utilizado para representar os nós de contorno, que nesse caso coincidem com os pontos de colocação. Pode-se expressar de maneira compacta a expressão anterior como:

$$Hu - Gq = \sum_{j=1}^{ne+nd} \alpha_j \left(H \overset{p}{u}_j - G \overset{p}{q}_j \right) \qquad (92)$$

onde $\overset{p}{u}$ e $\overset{p}{q}$ são colunas nas matrizes $\overset{p}{U}$ e $\overset{p}{Q}$. Como b e F são conhecidos, α é dado por:

$$\alpha = F^{-1} b \qquad (93)$$

Depois que a equação (92) é resolvida utilizando as condições de contorno, bem como as técnicas de integração apresentadas nas seções anteriores, pode-se determinar os valores da função solução para algum ponto ou nó interno, com $C_i = 1$, na equação a seguir:

$$u_i = -\sum_{k=1}^{ne} H_{i,k}\, u_k + \sum_{k=1}^{ne} G_{i,k}\, q_k = \sum_{j=1}^{ne+nd} \alpha_j \left(C_i\, \overset{p}{u}_{ij} + \sum_{k=1}^{ne} H_{i,k}\, \overset{p}{u}_{kj} - \sum_{k=1}^{ne} G_{i,k}\, \overset{p}{q}_{kj} \right) \qquad (94)$$

Definindo as funções de interpolação como:

$$\begin{aligned} f_j &= 1 + r \\ \overset{p}{u} &= \frac{r^2}{2} + \frac{r^3}{6} \\ \overset{p}{q} &= \left(r + \frac{r^2}{2} \right) \frac{\partial r}{\partial n} \end{aligned} \qquad (95)$$

e aproximando-se o domínio do problema com 4 elementos constantes de contorno, com um nós por elemento, de acordo com a Figura 21:

Figura 21 – Ilustração da discretização do contorno com 4 nós.

e adotando $b = 2$, temos a solução do MEC (Figura 22) para u e q:

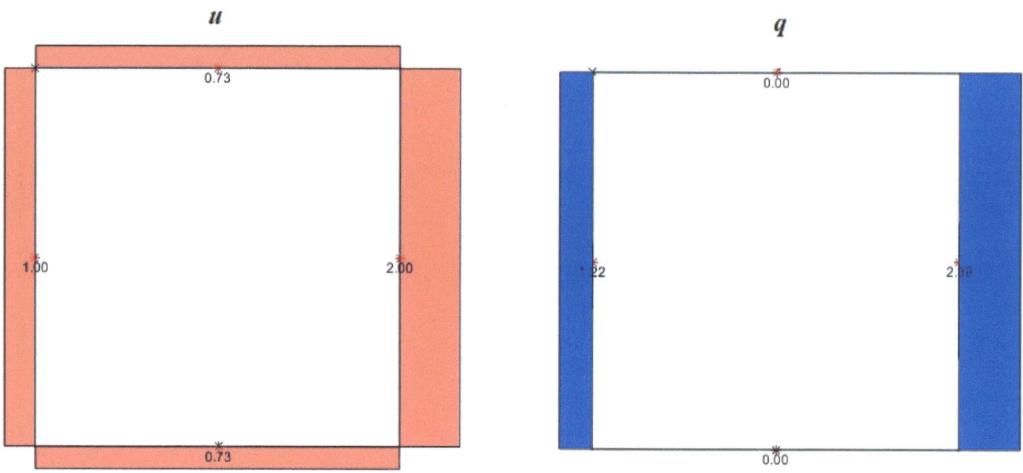

Figura 22 – Ilustração da solução do problema $\nabla^2 u = 2$ **com o *DRBEM* sob condições de contorno dadas em 3.2.1 a.**

Para as mesmas condições de contorno com $b = 2$, temos a solução analítica $u(x,y) = x^2 - \dfrac{3x}{2} + 1$, cujos resultados são apresentados juntos aos obtidos com o MEC – Reciprocidade Dupla (*DRBEM*):

$$\begin{bmatrix} u_1 \\ q_2 \\ u_3 \\ q_4 \end{bmatrix} \rightarrow \begin{bmatrix} 0.5000 \\ 2.5000 \\ 0.5000 \\ 1.5000 \end{bmatrix}_{Analítica} \begin{bmatrix} 0.7306 \\ 2.3893 \\ 0.7306 \\ 1.2167 \end{bmatrix}_{DRBEM}$$

Ressalta-se nesse exemplo, como foram adotados apenas 4 elementos de contorno com um nó por elemento, o resultado obtido com o MEC distancia-se levemente do resultado analítico. Com o intuito de se obter um resultado mais aproximado da solução analítica, a seguir são apresentados os resultados dos testes numéricos contendo 20 (Figura 24), 44 (Figura 26) e 84 (Figura 28) elementos constantes, respectivamente, cada qual com um nó por elemento (Figura 23, Figura 25 e Figura 27), sendo avaliadas as variáveis já mencionadas nos exemplos anteriores.

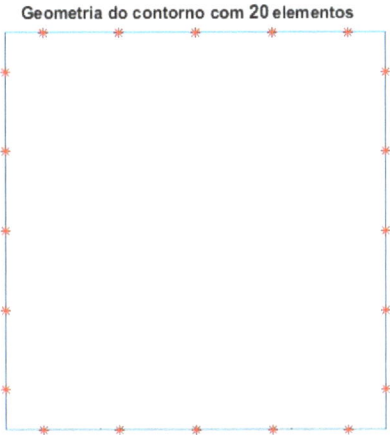

Figura 23 – Ilustração da discretização do contorno com 20 nós.

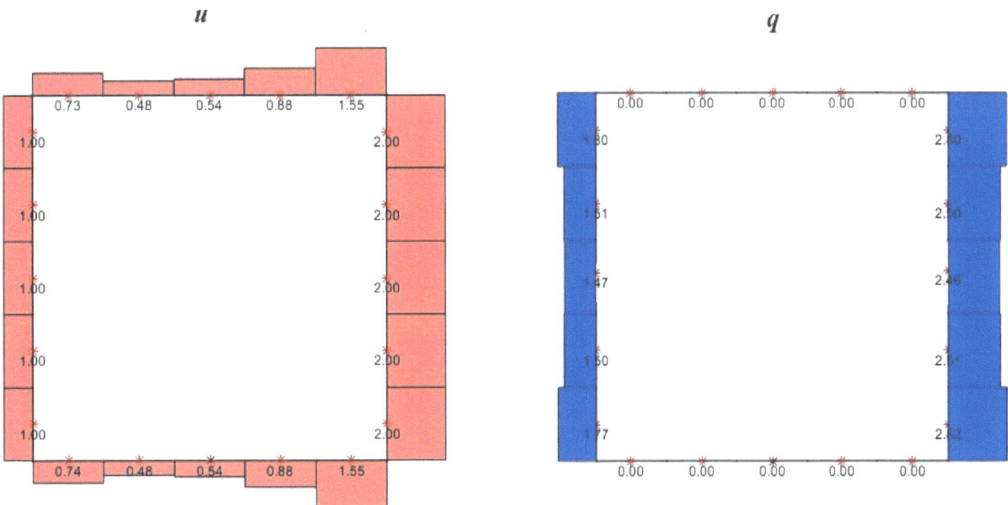

Figura 24 – Ilustração da solução do problema $\nabla^2 u = 2$ com o *DRBEM* – 20 nós, sob condições de contorno dadas em 3.2.1 a.

Figura 25 – Ilustração da discretização do contorno com 44 nós.

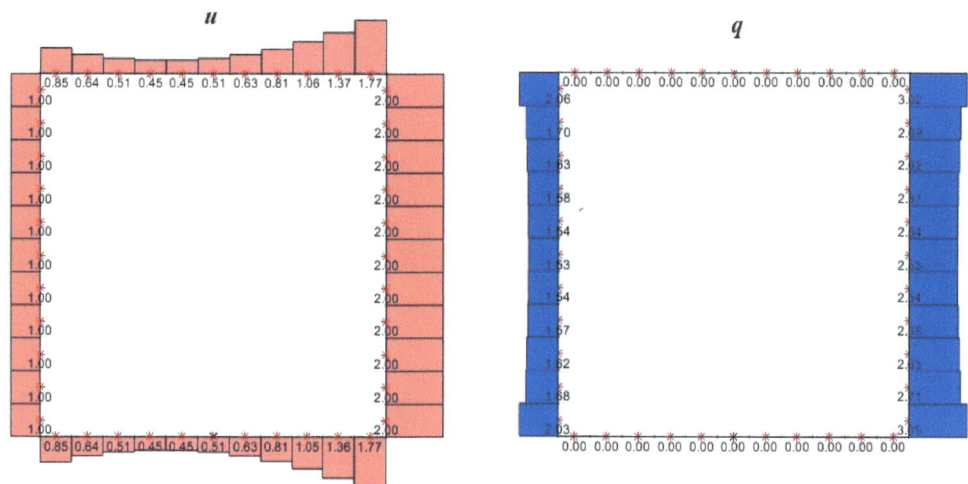

Figura 26 – Ilustração da solução do problema $\nabla^2 u = 2$ com o ***DRBEM*** – 44 nós, sob condições de contorno dadas em 3.2.1 a.

Figura 27 – Ilustração da discretização do contorno com 84 nós.

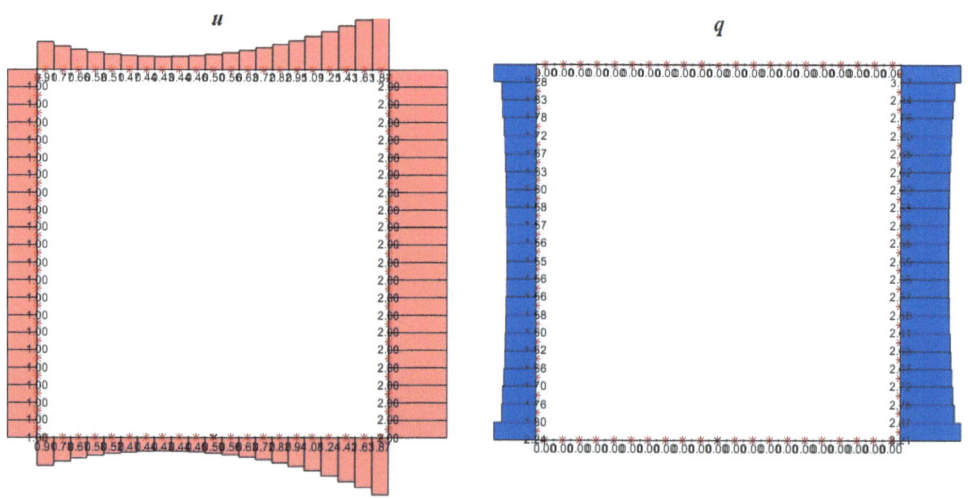

Figura 28 – Ilustração da solução do problema $\nabla^2 u = 2$ com o ***DRBEM*** – 84 nós, sob condições de contorno dadas em 3.2.1 a.

A análise com um número crescente de elementos de contorno utilizado, oportunizou a obtenção de resultados do MEC com elementos constantes mais próximos aos resultados analíticos para as variáveis em estudo, como comparação a seguir:

$$\begin{bmatrix} u_1 \\ q_2 \\ u_3 \\ q_4 \end{bmatrix} \rightarrow \begin{bmatrix} 0.5000 \\ 2.5000 \\ 0.5000 \\ 1.5000 \end{bmatrix}_{Analítica} \begin{bmatrix} 0.5415 \\ 2.4644 \\ 0.5415 \\ 1.4667 \end{bmatrix}_{DRBEM-20} \begin{bmatrix} 0.5127 \\ 2.5281 \\ 0.5127 \\ 1.5279 \end{bmatrix}_{DRBEM-44} \begin{bmatrix} 0.5015 \\ 2.5529 \\ 0.5015 \\ 1.5522 \end{bmatrix}_{DRBEM-84}$$

Dependendo da precisão necessária para solução de determinado problema, pode-se optar por um número menor ou maior de elementos, bem como um número variável de nós por elemento (nesse caso foi adotado apenas um nó por elemento) e também o uso de nós no domínio é descrito por determinados autores (CHANTHAWARA, KAENNAKHAM e TOUTIP, 2014), além da possiblidade em se utilizar outras funções de forma e interpolação como a linear, quadrática, entre outras.

As figuras a seguir ilustram os casos onde foram adotados 44 elementos constantes de contorno e 100 (Figura 29), 1000 (Figura 30) e 10000 (Figura 31) nós aleatórios de domínio:

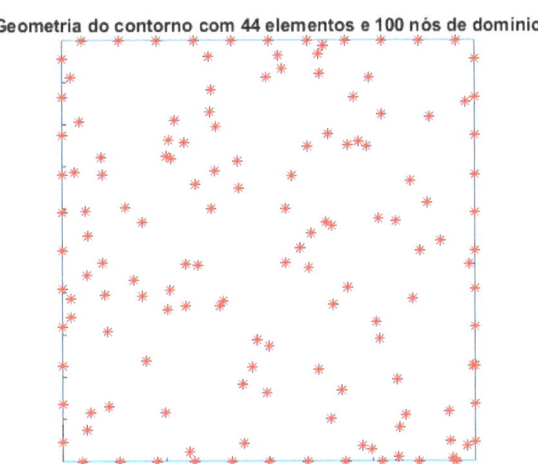

Figura 29 – Ilustração da discretização do contorno e 100 nós de domínio.

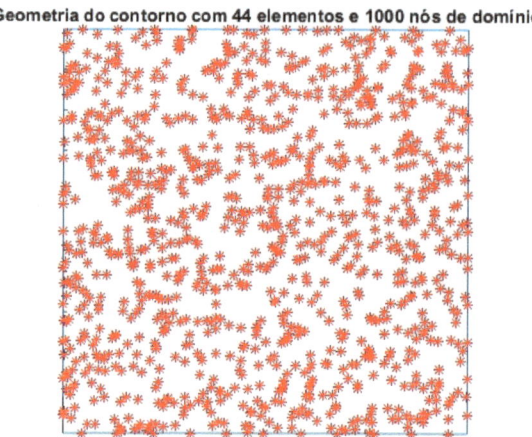

Figura 30 – Ilustração da discretização do contorno e 1000 nós de domínio.

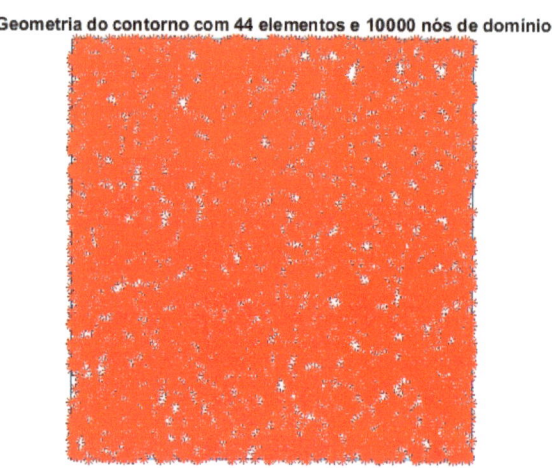

Figura 31 – Ilustração da discretização do contorno e 10000 nós de domínio.

A comparação entre os resultados das soluções com o MEC – Reciprocidade Dupla, com 100, 1000, e 10000 nós de domínio é a apresentada a seguir:

$$\begin{bmatrix} u_1 \\ q_2 \\ u_3 \\ q_4 \end{bmatrix} \rightarrow \begin{bmatrix} 0.5000 \\ 2.5000 \\ 0.5000 \\ 1.5000 \end{bmatrix}_{Analítica} \begin{bmatrix} 0.5127 \\ 2.5281 \\ 0.5127 \\ 1.5279 \end{bmatrix}_{DRBEM-100} \begin{bmatrix} 0.5127 \\ 2.5281 \\ 0.5127 \\ 1.5279 \end{bmatrix}_{DRBEM-1000} \begin{bmatrix} 0.5127 \\ 2.5281 \\ 0.5127 \\ 1.5279 \end{bmatrix}_{DRBEM-10000}$$

Nessa análise, com quatro casas decimais não se observa variação nos resultados, inclusive quando esses resultados são comparados ao caso que em foram utilizados apenas nós no contorno.

3.3.4 Integração do domínio: Transformação baseada na Segunda Identidade de Green

A integral de domínio também pode ser calculada a partir de sua transformação em uma integral de contorno equivalente (BREBBIA, TELLES e WROBEL, 1984). Isto é possível quando b é uma função harmônica, que obedece a seguinte equação:

$$\nabla^2 b = 0 \tag{96}$$

Nessa transformação a função de ponderação, nesse caso a Solução Fundamental $u^*(\xi, X)$, é expressa em função de derivadas, para isso fazemos:

$$u^* = \nabla^2 v \tag{97}$$

Escreve-se então a Segunda Identidade de Green, na forma:

$$\int_\Omega b u^*(\xi, X) d\Omega = \int_\Omega b \nabla^2 v^* d\Omega = \int_\Omega \left(b \nabla^2 v^* - v^* \nabla^2 b \right) d\Omega = \int_\Gamma \left(b \frac{\partial v^*}{\partial n} - v^* \frac{\partial b}{\partial n} \right) d\Gamma \tag{98}$$

Como $\nabla^2 b = 0$, a expressão anterior reduz-se a:

$$\int_\Omega b u^*(\xi, X) d\Omega = \int_\Omega b \nabla^2 v^* d\Omega = \int_\Gamma \left(b \frac{\partial v^*}{\partial n} - v^* \frac{\partial b}{\partial n} \right) d\Gamma \tag{99}$$

A Solução Fundamental v^* é a solução da Equação Bi-harmônica $\nabla^2 u^* = \nabla^2(\nabla^2 v^*) = \nabla^4 v^* = \delta$, que em duas dimensões é a Solução Fundamental usada no estudo de deformação de placas, a saber:

$$v^* = \frac{r^2}{8\pi}\left[\ln\left(\frac{1}{r}\right) + 1\right] \tag{100}$$

Note que a solução v^* satisfaz a equação de Laplace em coordenadas polares:

$$\nabla^2 v^* = \frac{1}{r}\frac{\partial}{\partial r}\left(r\frac{\partial v^*}{\partial r}\right) = \frac{1}{2\pi}\ln\left(\frac{1}{r}\right) = u^* \tag{101}$$

A derivada de v^* em relação à direção normal ao contorno é denotada por $t^* = \dfrac{\partial v^*}{\partial n}$, é calculada como:

$$t^* = \frac{\partial v^*}{\partial r}\frac{dr}{dn} = \left\{\frac{r}{4\pi}\left[\ln\left(\frac{1}{r}\right) + \frac{1}{2}\right]\right\}\frac{dr}{dn} \tag{102}$$

Substituindo a equação (99) e a (102) na equação (71), temos:

$$C_i u_i = \sum_{j=1}^{ne}\int_{\Gamma_{i,j}} u^* \, d\Gamma_{i,j}\, q_j - \sum_{j=1}^{ne}\int_{\Gamma_{i,j}} q^* \, d\Gamma_{i,j}\, u_j - \\ \sum_{j=1}^{ne}\int_{\Gamma_{i,j}} \left(b_i \frac{\partial v^*}{\partial n} - v^* \frac{\partial b_i}{\partial n} \right) d\Gamma_{i,j} \tag{103}$$

A função b é definida de acordo com a equação (96) e as integrais de contorno podem ser calculadas utilizando-se as técnicas já apresentadas.

Nesse exemplo, de acordo com CAMP e GIPSON (1989), se $b = -2$, o que implica em $\dfrac{\partial b}{\partial n} = 0$, com $i = 1, 2, 3$ e 4, temos:

$$B_i = \sum_{j=1}^{ne}\int_{\Gamma_{i,j}} \left\{\frac{r}{4\pi}\left[\ln\left(\frac{1}{r}\right) + \frac{1}{2}\right]\right\}\frac{\partial r}{\partial n} \, d\Gamma_{i,j}\, b_i \tag{104}$$

Quando $i = j$, o resultado das integrais B_i é nulo, pois, $\dfrac{\partial r}{\partial n} = 0$. Quando $i \neq k$, as integrais podem ser calculas numericamente com o uso da Quadratura de Gauss, por exemplo.

Para as mesmas condições de contorno dadas em 3.2.1 a, com $b = -2$, temos a solução analítica $u(x, y) = -x^2 + \dfrac{5x}{2} + 1$, cujos resultados são apresentados juntos aos obtidos com o MEC com 4 elementos e dois pontos de Gauss e 44 elementos (Figura 32) com 10 pontos de Gauss para integração, respectivamente:

$$\begin{bmatrix} u_1 \\ q_2 \\ u_3 \\ q_4 \end{bmatrix} \rightarrow \begin{bmatrix} 2.5000 \\ -1.5000 \\ 2.5000 \\ -2.5000 \end{bmatrix}_{Analítica} \begin{bmatrix} 1.7584 \\ -0.0092 \\ 1.7584 \\ -1.1819 \end{bmatrix}_{MEC-4} \begin{bmatrix} 2.4867 \\ -1.4776 \\ 2.4867 \\ -2.4757 \end{bmatrix}_{MEC-44}$$

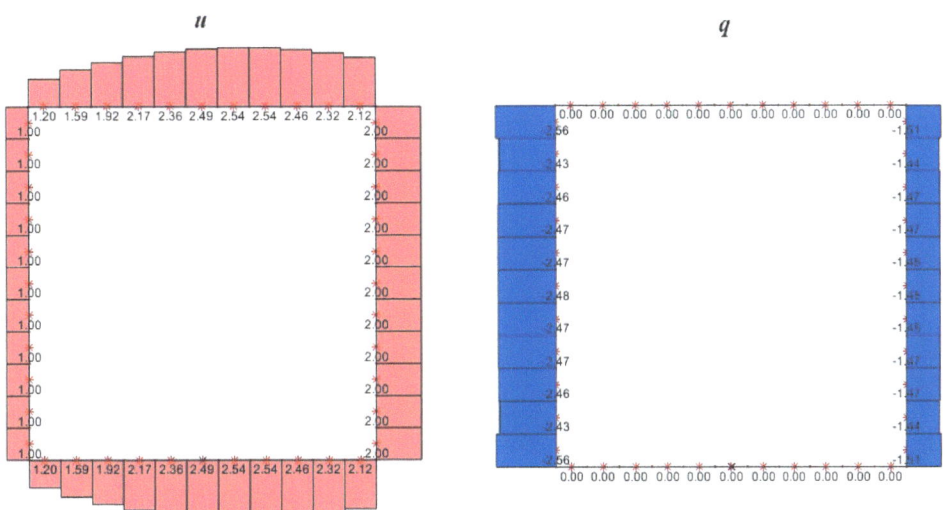

Figura 32 – Ilustração da solução do problema $\nabla^2 u = -2$ com o MEC– 44 nós, sob condições de contorno dadas em 3.2.1 a.

Se $b = |x - \xi| = r$, o que implica em $\dfrac{\partial b}{\partial n} = \dfrac{\partial r}{\partial n}$, temos

$$B_i = \frac{1}{8\pi} \sum_{j=1}^{ne} \int_{\Gamma_{i,j}} r^2 \left[\ln\left(\frac{1}{r}\right) \right] \frac{\partial r}{\partial n} d\Gamma_{i,j} \qquad (105)$$

cuja integral pode ser calcula numericamente com o uso da Quadratura de Gauss, por exemplo.

Para as mesmas condições de contorno dadas em 3.2.1 a, com $b = |x - \xi| = r$, temos a solução analítica $u(x,y) = \dfrac{x^3}{6} - \dfrac{x}{6} + 1$, cujos resultados são apresentados juntos aos obtidos com o MEC e ilustrados pela Figura 33:

$$\begin{bmatrix} u_1 \\ q_2 \\ u_3 \\ q_4 \end{bmatrix} \rightarrow \begin{bmatrix} 1.0000 \\ 1.8333 \\ 1.0000 \\ -0.1667 \end{bmatrix}_{Analítica} \begin{bmatrix} 1.0000 \\ 1.5225 \\ 1.0141 \\ -0.2155 \end{bmatrix}_{MEC\_ld\_Green}$$

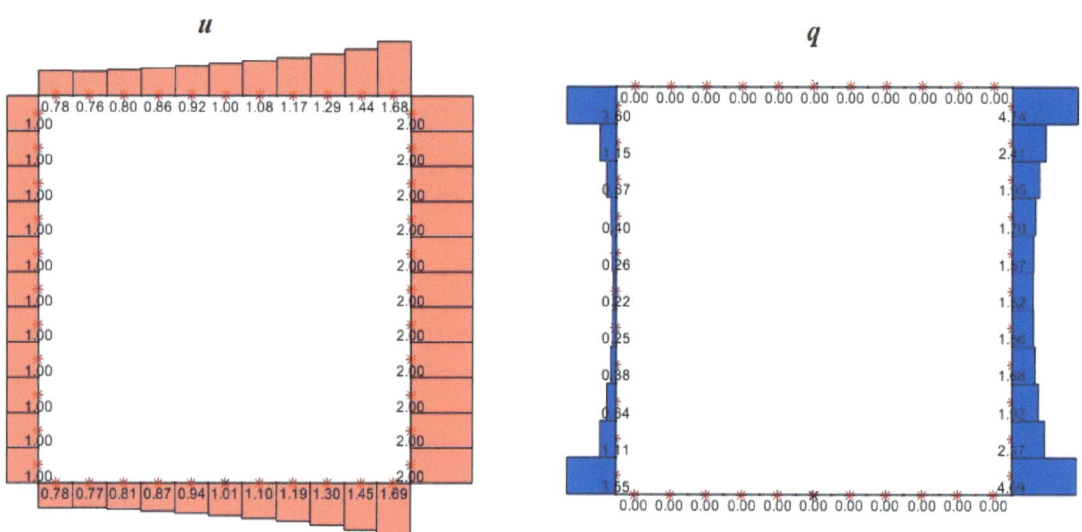

Figura 33 – Ilustração da solução do problema $\nabla^2 u = r$ com o MEC– 44 nós, sob condições de contorno dadas em 3.2.1 a.

Nos exemplos resolvidos até esta seção, foram utilizados apenas elementos de contorno constantes em um modelo geométrico quadrado e quatro técnicas para o cálculo das integrais de domínio foram apresentadas. Em cada teste realizado, o aumento no número de elementos constantes oportunizou a obtenção de resultados mais próximos aos analíticos. Essa é uma estratégia comum, porém, aumenta-se consideravelmente o número de equações e da dimensão das matrizes para solução do problema. Uma forma de se obter melhores resultados com uma quantidade menor de equações é o uso de funções de forma como a linear, quadrática, entre outras, para aproximar as variáveis de contorno e de domínio quando necessário. Na próxima seção será apresentada a técnica de aproximação dos elementos de contorno lineares, ou seja, com funções de forma linear.

3.3.5 Integração do contorno: Elementos lineares

Aproximando-se a geometria de cada elemento Γ_j em função de suas coordenadas nodais, de acordo com a Figura 34, para um ponto P qualquer temos:

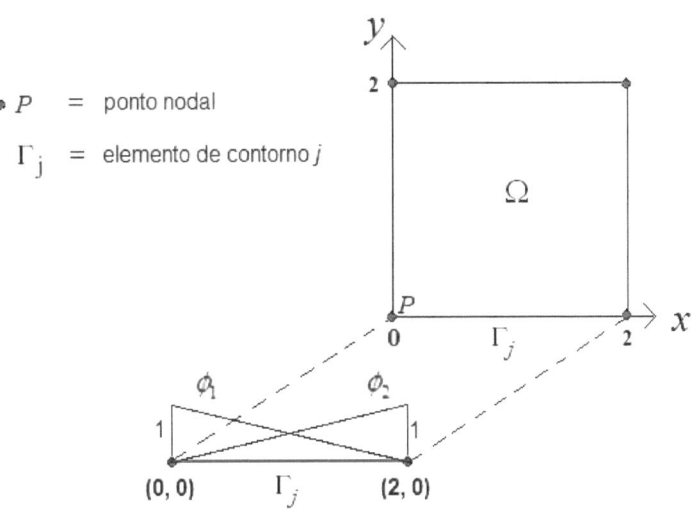

Figura 34 – Discretização do contorno em elementos lineares.

$$x_1(P) = \phi_1(P)x_1^{j1} + \phi_2(P)x_1^{j2} \qquad (106)$$

$$x_2(P) = \phi_1(P)x_2^{j1} + \phi_2(P)x_2^{j2} \qquad (107)$$

onde j indica o elemento Γ_j, ϕ é a função de aproximação linear e x_1 e x_2 são os nós extremos do elemento.

A cada elemento de contorno, Γ_j, associam-se um ou mais pontos denominados "nós funcionais" ou "pontos nodais" e os valores das variáveis a eles associados são denominados "valores nodais". Ao longo de cada elemento as variáveis do problema (potencial u e fluxo q) são aproximadas por funções polinomiais (constantes, lineares, quadráticas, etc) em função das quais é definido o número de pontos nodais: 1, 2 e 3, respectivamente.

Utilizando dois pontos nodais as variáveis são aproximadas de maneira linear como ilustra a Figura 35, onde são adotadas as seguintes funções de aproximação (TAGUTI, 2010).

$$\phi_1 = \frac{1}{2}(1 - \xi) \qquad (108)$$

$$\phi_2 = \frac{1}{2}(1+\xi) \tag{109}$$

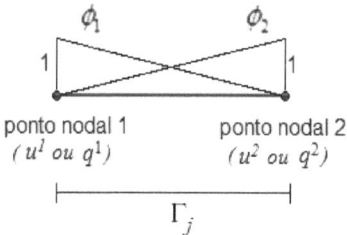

Figura 35 – Funções lineares de aproximação.

Dessa forma, as integrais de contorno são calculadas da seguinte maneira:

$$\int_\Gamma q^*(\xi,X)u(X)d\Gamma = -\int_\Gamma \frac{1}{2\pi r}\frac{dr}{dn}\begin{bmatrix} \phi_1 & \phi_2 \end{bmatrix}d\Gamma \begin{Bmatrix} u^1 \\ u^2 \end{Bmatrix} \tag{110}$$

$$\int_\Gamma u^*(\xi,X)q(X)d\Gamma = \int_\Gamma \frac{1}{2\pi}\ln\left(\frac{1}{r}\right)\begin{bmatrix} \phi_1 & \phi_2 \end{bmatrix}d\Gamma \begin{Bmatrix} q^1 \\ q^2 \end{Bmatrix} \tag{111}$$

onde u^1, u^2, q^1 e q^2 são os valores nodais em cada elemento.

Devido a característica singular das soluções fundamentais, quando o ponto fonte pertencer ao domínio de influência, o integrando será singular e deverá ter um tratamento especial. Uma técnica bastante utilizada no MEC para calcular indiretamente as integrais singulares é a consideração de um corpo de temperatura constante, no caso de problemas potenciais, e o deslocamento de corpo rígido, no caso de problemas elásticos. Essa técnica consiste em calcular primeiro todas as integrais não-singulares para um ponto de colocação em específico, e então o deslocamento de corpo rígido é aplicado para calcular a integral restante. Com o uso de funções polinomiais o número de integrais singulares é igual ao número de translações de corpo rígido. Isso ocorre porque, no MEC convencional, para cada ponto de colocação e o elemento singular correspondente, somente uma função de base associada aquele elemento é não nula. Portanto só existe uma integral singular em cada elemento (CAMPOS, 2016).

Assim, quando o ponto fonte está localizado fora do elemento que está sendo integrado ($r \neq 0$), nenhum problema de singularidade é observado e as integrais (110) e (111) podem ser calculadas analítica ou numericamente, como com o uso do método numérico da Quadratura de Gauss (HUNTER, 2001). Este é um caso onde o uso de elementos lineares contínuos, como ilustrado na Figura 35, é recomendado por não haver problemas de singularidade.

Por outro lado, quando o ponto fonte está sobre o elemento que está sendo integrado ($r = 0$), as integrais em (110) e (111) apresentam termos com no máximo singularidade fraca envolvendo a derivada da solução fundamental e a própria solução fundamental, respectivamente. De acordo com CRUZ (2001), tradicionalmente utiliza-se uma técnica de regularização local através de "movimento de corpo rígido" (prescrição de potencial de temperatura constante em todo o contorno) para o cálculo da integral em (110), que, segundo CHAVES (2003), pode ser aplicada em problemas potenciais; já a integral em (111), pode-se calculá-la analiticamente ou numericamente.

Caso opte-se por calculá-la numericamente, o uso de elementos de contorno descontínuos (KATSIKADELIS, 2002) é útil para, por exemplo, a utilização de técnicas como a Quadratura de Gauss, assim como o uso de transformação de coordenadas polinomial de segunda e terceira ordem proposta por TELLES (1987). Ambas as técnicas serão apresentadas.

3.3.5.1 Elementos Lineares com nós descontínuos - Quadratura de Gauss

Como exemplo, considerando o elemento da figura anterior, cujo comprimento é $L = 2$ e seus nós das extremidades são reposicionados em direção ao centro do elemento de acordo com um fator percentual, $0 < fp < \dfrac{L}{2}$, relativo ao tamanho do elemento. Nesse caso, adotando-se como fator percentual igual a 0.1, resulta na seguinte ilustração (Figura 36):

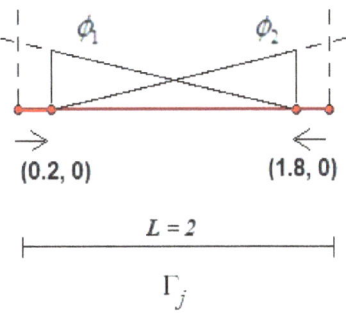

Figura 36 – Reposicionamento dos pontos nodais.

Dessa forma, as integrais de contorno com $\ln\left(\dfrac{1}{r}\right)$ e $\dfrac{1}{r}$, cuja singularidade estaria em $r = 0$, são calculadas de maneira similar ao caso com elementos de contorno constantes, dado que com esse artifício de elementos descontínuo, cada nó passa a figurar como um nó duplo, daí $r \neq 0$. Com os resultados obtidos nos nós reposicionados, interpolam-se os resultados até o nó original de acordo com a função utilizada, nesse caso, a função linear.

O problema já discutido em 3.2.1. a, agora resolvido com o uso de 4 elementos de contorno lineares descontínuos, tem como solução numérica os seguintes resultados para as variáveis u_i e q_i, com i = 1, 2, 3 , ..., 8 (considerando que algumas são dadas como condições de contorno), como ilustra a Figura 37, variando-se o valor do fator percentual fp.

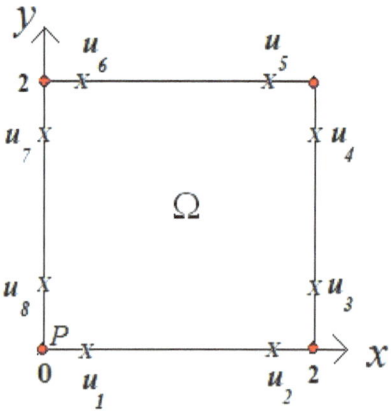

Figura 37 – Nós Duplos X.

$$\begin{bmatrix} u_1 \\ u_2 \\ u_3 \\ u_4 \\ u_5 \\ u_6 \\ u_7 \\ u_8 \end{bmatrix} \rightarrow \begin{bmatrix} 1 \\ 2 \\ 2 \\ 2 \\ 2 \\ 1 \\ 1 \\ 1 \end{bmatrix}_{Analítica} \begin{bmatrix} 1.1043 \\ 1.8957 \\ 2 \\ 2 \\ 1.8957 \\ 1.1043 \\ 1 \\ 1 \end{bmatrix}_{MEC\_fp\_0.1} \begin{bmatrix} 1.0432 \\ 1.9568 \\ 2 \\ 2 \\ 1.9568 \\ 1.0432 \\ 1 \\ 1 \end{bmatrix}_{MEC\_fp\_0.05} \begin{bmatrix} 1.0066 \\ 1.9934 \\ 2 \\ 2 \\ 1.9934 \\ 1.0066 \\ 1 \\ 1 \end{bmatrix}_{MEC\_fp\_0.001}$$

$$\begin{bmatrix} q_1 \\ q_2 \\ q_3 \\ q_4 \\ q_5 \\ q_6 \\ q_7 \\ q_8 \end{bmatrix} \rightarrow \begin{bmatrix} 0 \\ 0 \\ 0.5 \\ 0.5 \\ 0 \\ 0 \\ -0.5 \\ -0.5 \end{bmatrix}_{Analítica} \begin{bmatrix} 0 \\ 0 \\ 0.5241 \\ 0.5241 \\ 0 \\ 0 \\ -0.5241 \\ -0.5241 \end{bmatrix}_{MEC\_fp\_0.1} \begin{bmatrix} 0 \\ 0 \\ 0.5527 \\ 0.5527 \\ 0 \\ 0 \\ -0.5527 \\ -0.5527 \end{bmatrix}_{MEC\_fp\_0.05} \begin{bmatrix} 0 \\ 0 \\ 0.5531 \\ 0.5531 \\ 0 \\ 0 \\ -0.5531 \\ -0.5531 \end{bmatrix}_{MEC\_fp\_0.001}$$

Com a redução no fator percentual, ou seja, com a redução na distância entre o nó reposicionado em relação a sua posição original, os resultados para as variáveis u aproximam-se cada vez mais da solução analítica, lembrando que os valores apresentados correspondem ao valor da variável no nó reposicionado e com estes interpola-se o valor até o contorno, como ilustrado pela Figura 38, que em todos os casos correspondem a solução analítica ilustrada pela Figura 11, inclusive para a variável q.

Um destaque é dado para a variável q, onde ao analisar individualmente cada resultado, verifica-se que a redução na distância entre o nó reposicionado em relação a sua posição original, fez com que os resultados se distanciassem levemente do resultado analítico. Essa variação entre os resultados refere-se a natureza da variável, ou seja, u é uma variável escalar e que pode ser definida como a temperatura da placa e que não há alteração brusca desta em relação a sua posição, por outro lado, q pode ser definido como um fluxo de calor e esta é uma variável vetorial, dependente da direção normal ao contorno, com a possibilidade de apresentar variação brusca em relação a sua posição. Um exemplo é a alteração brusca do fluxo nos vértices do domínio, como definida pelas condições de contorno nulas no exemplo proposto.

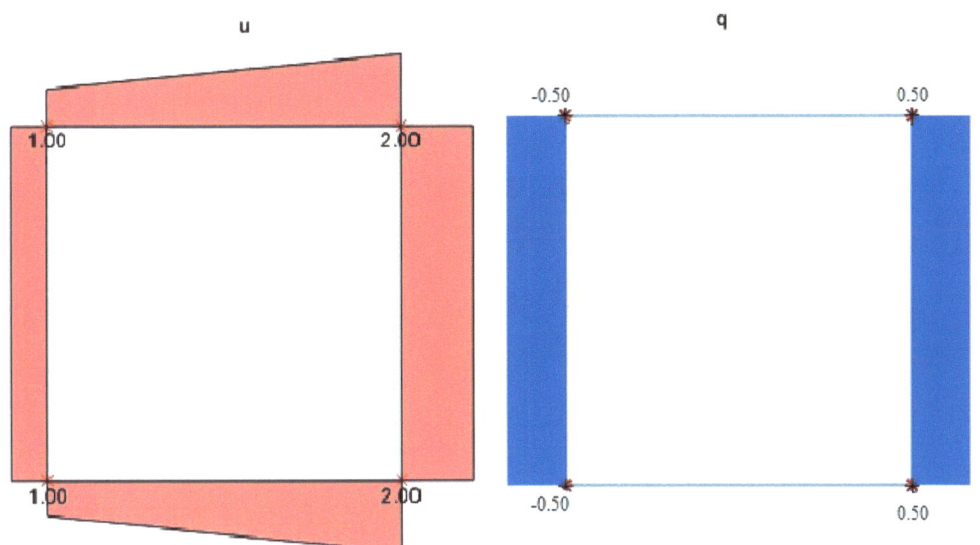

Figura 38 – Ilustração do MEC com elementos lineares descontínuos para o problema da em 3.2.1 a.

3.3.5.2 Elementos Lineares com nós descontínuos e Transformação de Telles

A primeira transformação de Telles que será apresentada é uma releitura de trabalho de TELLES (1987) que baseia-se em uma transformação polinomial não linear de coordenadas, que resulta em um jacobiano nulo quando a distância entre o ponto fonte e o ponto campo é zero e os pontos de integração são reposicionados (Figura 39). Nesse exemplo, as integrais de natureza fracamente singular, $\ln\left(\dfrac{1}{r}\right)$ e $\dfrac{1}{r}$, são calculadas pela transformada proposta por TELLES (1987), para isso, de forma simplificada, consideremos:

$$\int_\Gamma \frac{1}{2\pi r} d\Gamma = \int_{-1}^{1} \frac{1}{2\pi r(\eta)} d\eta \qquad (112)$$

$$\int_\Gamma \ln\left(\frac{1}{r}\right) d\Gamma = \int_{-1}^{1} \ln\left(\frac{1}{r(\eta)}\right) d\eta \qquad (113)$$

onde $d\eta = |J\eta(\gamma)| d\Gamma$ e $\eta(\gamma)$ é um polinômio do segundo grau

$$\eta(\gamma) = a\gamma^2 + b\gamma + c \qquad (114)$$

sujeito a

$$\eta(1) = 1$$

$$\eta(-1) = -1 \qquad (115)$$

$$\left.\frac{d\eta}{d\gamma}\right|_{\bar\eta} = 0$$

As duas primeiras condições garantem que não haja um alongamento líquido do elemento durante o mapeamento e a terceira, tem a finalidade de cancelar o efeito da singularidade no ponto singular. $\bar\eta$ é a localização da singularidade no espaço original e γ representa a nova variável de integração.

Os valores de *a*, *b* e *c* são:

$$a = -c \tag{116}$$

$$b = 1$$

$$c = \frac{\bar{\eta} \pm \sqrt{\left(\bar{\eta}^2 - 1\right)}}{2}$$

O reposicionamento dos pontos e transformação dos pesos de integração são dados por:

$$\eta(i) = a\, p(i)^2 + 3b\, p(i) + c \tag{117}$$

$$w_t(i) = w(i)\bigl(2a\, p(i) + 3b\bigr)$$

assim, as integrais em r em função de $\eta(\gamma)$, tornam-se:

$$\int_\Gamma \frac{1}{2\pi r} d\Gamma = \int_{-1}^{1} \frac{1}{2\pi r\left[(1-\gamma^2)\dfrac{\bar{\eta}}{2} + \gamma\right]} (1 - \gamma\bar{\eta})d\gamma \tag{118}$$

$$\int_\Gamma \ln\left(\frac{1}{r}\right) d\Gamma = \int_{-1}^{1} \ln\left(\frac{1}{r\left[(1-\gamma^2)\dfrac{\bar{\eta}}{2} + \gamma\right]}\right) (1 - \gamma\bar{\eta})d\gamma \tag{119}$$

A vantagem do uso dessa transformação é que o Jacobiano cancela a singularidade e a integração de Gauss pode ser empregada sem precisar separar no núcleo de integração a parte regular da parte singular.

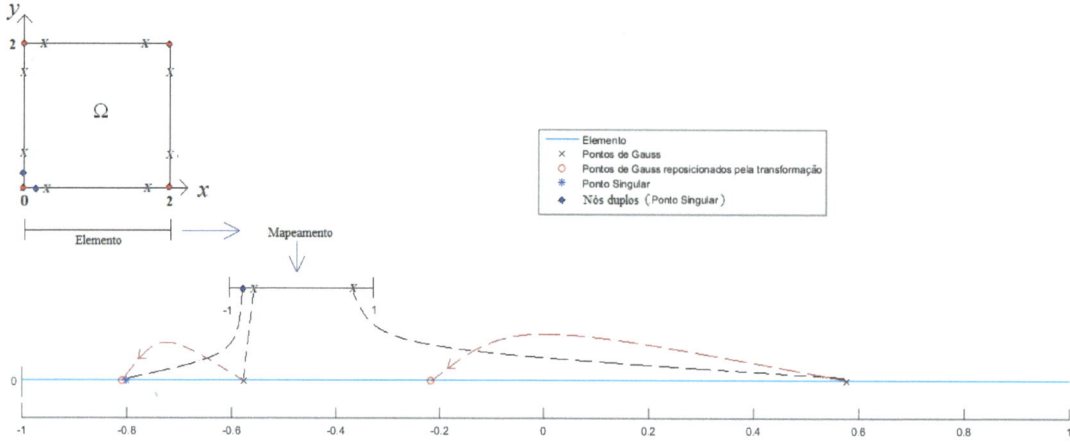

Figura 39 – Ilustração do mapeamento de um elemento de contorno cujos pontos de integração de Gauss foram reposicionados pela transformação de Telles do segundo grau.

Telles também propôs uma transformação não-linear a partir de uma relação do terceiro grau da forma

$$\eta = a\gamma^3 + b\gamma^2 + c\gamma + d \qquad (120)$$

sujeita a

$$\eta(1) = 1$$
$$\eta(-1) = -1$$
$$\left.\frac{d\eta}{d\gamma}\right|_{\bar{\eta}} = 0 \qquad (121)$$
$$\left.\frac{d^2\eta}{d\gamma^2}\right|_{\bar{\eta}} = 0$$

As duas primeiras condições garantem que não haja um alongamento líquido do elemento. A terceira condição atua no sentido de cancelar o efeito da singularidade no ponto singular e também serve para agrupar (formar um *cluster*) pontos de Gauss no elemento até o ponto singular. A última condição garante que o Jacobiano seja o mínimo no ponto quase singular e o mapeamento da nova transformação tenha o seu mínimo em $\bar{\eta}$ (nesse estágio um máximo também seria possível).

A solução para este problema é dada por:

$$a = \frac{1}{Q}$$

$$b = \frac{-3\bar{\gamma}}{Q}$$

$$c = \frac{3\bar{\gamma}^2}{Q} \qquad (122)$$

$$d = -b$$

$$Q = 1 + 3\bar{\gamma}^2$$

onde $\bar{\gamma}$ é o valor de γ que satisfaz $\eta(\bar{\gamma}) = \bar{\eta}$. Este parâmetro pode ser calculado por:

$$\bar{\gamma} = \sqrt[3]{\bar{\eta}\eta^* + |\eta^*|} + \sqrt[3]{\bar{\eta}\eta^* - |\eta^*|} + \bar{\eta} \qquad (123)$$

onde $\eta^* = \bar{\eta}^2 - 1$.

O reposicionamento dos pontos e transformação dos pesos de integração são dados por:

$$\eta(i) = a\,p(i)^3 + b\,p(i)^2 + cp(i) + d$$
$$w_t(i) = w(i)\left(3a\,p(i)^2 + 2b\,p(i) + c\right) \qquad (124)$$

Nesse caso as integrais de contorno ficam:

$$\int_\Gamma \frac{1}{2\pi r}d\Gamma = \int_{-1}^{1} \frac{1}{2\pi r\left[\dfrac{(\gamma-\bar{\gamma})^3 + \bar{\gamma}(\bar{\gamma}^2+3)}{(1+3\bar{\gamma}^2)}\right]} 3\frac{(\gamma-\bar{\gamma})^2}{(1+3\bar{\gamma}^2)}d\gamma \qquad (125)$$

$$\int_\Gamma \ln\left(\frac{1}{r}\right) d\Gamma = \int_{-1}^{1} \ln\left(\frac{1}{r\left[\dfrac{(\gamma-\bar\gamma)^3 + \bar\gamma(\bar\gamma^2+3)}{(1+3\bar\gamma^2)}\right]}\right) 3\frac{(\gamma-\bar\gamma)^2}{(1+3\bar\gamma^2)} d\gamma \tag{126}$$

De forma similar à transformação do segundo grau, o uso da transformação cúbica de coordenadas faz com que o jacobiano dessa transformação se anule no ponto singular.

Para aplicação geral, TELLES (1987) destaca que quando o ponto de origem está localizado fora do eixo y, a alguma distância D dele, deve-se ser tomado como coordenada do ponto mais próximo de ξ sobre o eixo η; observe que esse ponto é encontrado no espaço real e não depois que a transformação ocorreu. Além disso, como a distância D não está presente na expressão (126), a mesma transformação será obtida para qualquer distância possível. Esse comportamento indesejável está em nítido contraste com a auto-adaptabilidade do procedimento em relação a $\bar\eta$, ou seja, é facilmente visto que à medida que $|\bar\eta|$ aumenta, ambas as transformações polinomiais tornam-se menos pronunciadas até degenerarem em $\eta = \gamma$, quando $|\bar\eta| \to \infty$.

Recordando as condições (115), vê-se que, como a integral agora é regular, não há necessidade de impor um valor nulo para o jacobiano em $\bar\eta$. Portanto, esta equação pode ser escrita da seguinte maneira:

$$J(\bar\gamma) = \left.\frac{d\eta}{d\gamma}\right|_{\bar\eta} = \bar{r} \tag{127}$$

onde $\bar{r}$ é um parâmetro livre que pode ser escrito como função de D.

Nessa transformação polinomial de terceiro grau, a partir de um conjunto de condições, busca-se definir o jacobiano da transformação para um valor mínimo predeterminado no ponto no elemento mais próximo ao ponto de campo. Esse valor mínimo do Jacobiano é determinado através de uma análise de mínimos quadrados (TELLES e OLIVEIRA, 1994), sem levar em consideração a regra Quadratura de Gauss específica em uso. O efeito líquido da transformação é o *cluster* de pontos de Gauss em torno do ponto quase singular do elemento. Além disso, embora a transformação tenha sido desenvolvida para ambos os elementos de contorno uni e bidimensionais, a transformação em si é em termos de apenas uma coordenada local, presumivelmente dentro de algum tipo de elemento (BALTZ, MAMMOLI e INGBER, 1999), seja, uni, bi ou tridimensional.

Neste caso, a transformação completa dependente de $\bar{r}$ é:

$$\eta = a\gamma^3 + b\gamma^2 + c\gamma + d$$

$$J = 3a\gamma^2 + 2b\gamma + c$$

$$a = \frac{1-\bar{r}}{Q}$$

$$b = \frac{-3(1-\bar{r})\bar{\gamma}}{Q}$$

$$c = \frac{\bar{r}+3\bar{\gamma}^2}{Q}$$

$$d = -b$$

$$Q = 1 + 3\bar{\gamma}^2$$

(128)

onde

$$\bar{\gamma} = \sqrt[3]{\left[-q+\sqrt{(q^2+p^3)}\right]} + \sqrt[3]{\left[-q-\sqrt{(q^2+p^3)}\right]} + \frac{\bar{\eta}}{1+2\bar{r}}$$

$$q = \frac{1}{2(1+2\bar{r})}\left[\left(\bar{\eta}(3-2\bar{r})-\frac{2\bar{\eta}^3}{2(1+2\bar{r})}-\bar{\eta}\right)\right]$$

$$p = \frac{1}{3(1+2\bar{r})^2}\left[4\bar{r}\left(1-\bar{r}\right)+3\left(1-\bar{\eta}^2\right)\right]$$

(129)

A partir das expressões acima, pode-se observar que, se $r = 1$, a transformação degenera em $\eta = \gamma$, $J = 1$, ou seja, a transformação de Telles coincide com a Quadratura de Gauss, como ilustrado pela Figura 40.

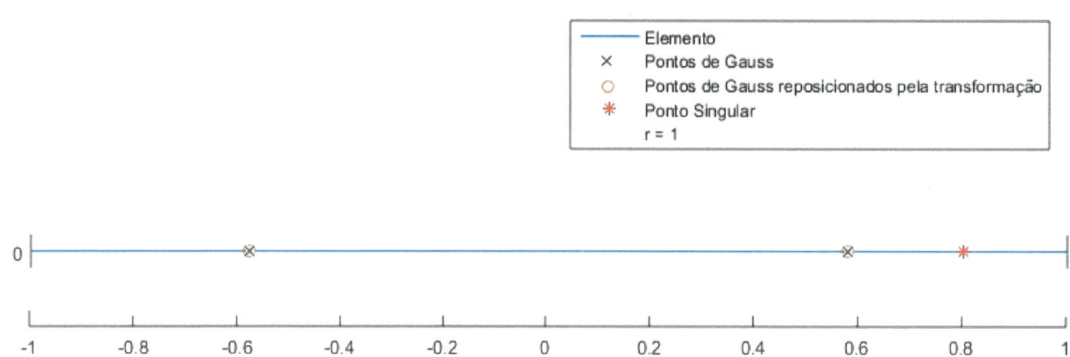

Figura 40 – Ilustração do mapeamento de um elemento de contorno com $r=1$ cujos pontos de integração da transformação de Telles coincidem com a Quadratura de Gauss.

Portanto, deve-se sempre manter $0 \leq r \leq 1$. No caso de $r = 0$, a Figura 41 ilustra o reposicionamento dos pontos de integração.

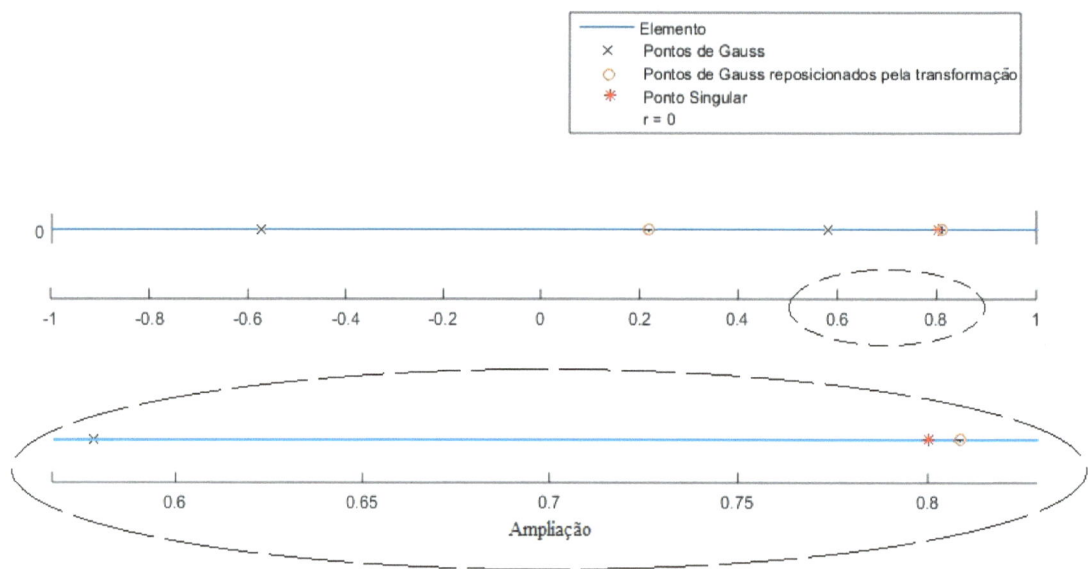

Figura 41 – Ilustração do mapeamento de um elemento de contorno com $r=1$ cujos pontos de integração da transformação de Telles coincidem com a Quadratura de Gauss.

Para definir uma relação explícita entre r e D, a abordagem mais prática parece encontrar um r para um dado D que produz o erro mínimo de integração no sentido dos mínimos quadrados. Essa otimização pode ser realizada para integrandos de ordem $\frac{1}{r}$ e $\frac{1}{r^2}$, pois esses dois tipos são encontrados em aplicações tridimensionais. No entanto, outros tipos de funções, como $\ln\left(\frac{1}{r}\right)$ e $\frac{1}{r^3}$ também podem ser testadas (TELLES, 1987).

Assumindo-se um valor D fixo, para um determinado número de pontos de Gauss K e um $\bar{\eta}$ conhecido, o erro de integração pode ser definido como

$$\varepsilon(D,\bar{\eta},K,\bar{r}) = \sum_{k=1}^{K}\left(\frac{J_k}{r_k^{\alpha}}w_k\right) - I \qquad (130)$$

onde $I = \int_{-1}^{1}\frac{1}{r^2}d\eta$ é calculado analiticamente.

A otimização deve ser particularmente eficaz para qualquer posição dentro da faixa mais sensível de $\bar{\eta}$ (isto é, $|\bar{\eta}| \leq 1$), pode-se escolher um certo número L de valores discretos de $\bar{\eta}$ nesse intervalo e gerar a função:

$$v(D,K,\bar{r}) = \sum_{l=1}^{L}\varepsilon^2(D,\bar{\eta}_l,K,\bar{r}) \qquad (131)$$

As considerações a seguir são feitas assumindo-se $L = 5$ e $\bar{\eta}_1 = 0.1, \bar{\eta}_2 = 0.3, ..., \bar{\eta}_5 = 0.9$.

Uma remoção prática da dependência implícita no K particular empregado agora pode ser obtida simplesmente somando v para um número suficientemente grande de valores diferentes de K. Dessa maneira, uma função geral de erros é criada no formato

$$v(D,\bar{r}) = \sum_{i=1}^{N}v^2(D,K_i,\bar{r}) \qquad (132)$$

onde, no presente trabalho, $N = 13$ foi usado com K, sendo sequencialmente avaliado de 2 a 6 e, em seguida, espaçado aproximadamente até um máximo de 32 pontos de integração. Agora, a otimização é reduzida para encontrar o mínimo de V com respeito a $\bar{r}$. Consequentemente

$$\frac{\partial V}{\partial \bar{r}} = 0 \tag{133}$$

o que significa que é preciso resolver a equação

$$\sum_{i=1}^{N}\sum_{l=1}^{L}\left\{\left[\sum_{k=1}^{K}\left(\frac{J_{kl}}{r_{kl}^{\alpha}}w_k\right) - I_l\right]\left[\sum_{k=1}^{K}\left(\frac{1}{r_{kl}^{\alpha}}\frac{\partial J_{kl}}{\partial \bar{r}} - \frac{\alpha J_{kl}}{r_{kl}^{\alpha+1}}\frac{\partial r_{kl}}{\partial \bar{r}}\right)w_k\right]\right\} = 0 \tag{134}$$

A equação (127) foi resolvida por um método do tipo *regula-falsi* para vários valores de D, começando de $D = 0{,}05$ (que é pequeno o suficiente para problemas práticos) até um valor alto. Os cálculos foram realizados para $\alpha = 1$ e $\alpha = 2$, e em todos os casos uma raiz foi encontrada dentro do intervalo esperado $0 \le \bar{r} \le 1$ sem problemas de convergência. Os resultados são mostrados na Figura 2, onde pode ser visto que $\bar{r} \to 1$ como $D \to \infty$, ou seja, o esquema agora se torna totalmente auto-adaptável e a transformação desaparece à medida que o ponto de origem se afasta do elemento.

Para implementar o procedimento completo de transformação polinomial em códigos MEC existentes, é necessário agora um exercício simples de ajuste de curva, mas é desejável ter a mesma transformação para as matrizes **H** e **G** para que elas possam ser calculadas dentro do mesmo *loop* de integração com um número mínimo de operações. TELLES (1987) cita as seguintes expressões para um bom funcionamento da transformação para ambas as matrizes em aplicativos tridimensionais:

$$\begin{aligned}
\bar{r} &= 0.85 + 0.24\ln(D), & 0.05 &\le D \le 1.3 \\
\bar{r} &= 0.893 + 0.0832\ln(D), & 1.3 &\le D \le 3.618 \\
\bar{r} &= 1, & 3.618 &\le D
\end{aligned} \tag{135}$$

Algumas observações talvez sejam devidas agora; a fim de se beneficiar totalmente da otimização, aparentemente é necessário continuar calculando as distâncias D entre ξ e cada um dos muitos caminhos de integração dimensionais η_1, η_2 que estão espalhados pelo elemento. Ao fazer isso, é facilmente obtido um padrão curvo radiante das posições dos pontos de integração, típico de esquemas numéricos de quadratura bem ajustados. Nesse caso, a transformação em si varia dependendo da posição espacial real de cada ponto de Gauss. Mas esse procedimento seria complicado, especialmente se $|\bar{\eta}_1|$ e $|\bar{\eta}_2|$ são menos que a unidade. Isso ocorre porque as distâncias dos caminhos de integração $\bar{\eta}_1$ são ditadas pelas coordenadas $\bar{\eta}_2$ na outra direção e vice-versa; assim, o problema se torna não linear. Na prática, no entanto, o erro total de integração é bastante dominado pelos caminhos de integração η_1 e η_2 mais próximos de ξ. Consequentemente, é aconselhável calcular a distância mínima de ξ à superfície do elemento e mantê-la constante para a integração completa. Essa alternativa foi testada em muitos problemas e a precisão foi encontrada de forma a não se deteriorar, a única diferença é que agora os pontos estão concentrados em seis padrões de linhas retas. Além disso, quando $\bar{\eta}_1$ ou $\bar{\eta}_2$, ou ambos, tem um valor absoluto maior que um, pode ser complicado encontrar seus valores reais, pois isso exigiria extrapolação sobre a superfície do elemento. Nesse caso, testes comparativos também indicaram que é possível evitar a extrapolação (ou seja, definir o respectivo valor como + 1 ou - 1) e compensá-lo tomando D como correspondente à distância da borda do elemento. Portanto, para a implementação geral do presente esquema, basta identificar as coordenadas $\bar{\eta}_1$ e $\bar{\eta}_2$ do ponto mais próximo localizado sobre o elemento e calcular sua distância real do espaço R_{min} a partir de ξ (essas operações já estão incluídas na maioria dos MEC códigos para selecionar o número de pontos de integração). A distância relativa D a aplicar em cada direção é então calculada pelas fórmulas

$$D_1 = \frac{2R_{min}}{\left| x(1,\bar{\eta}_2) - x(-1,\bar{\eta}_2) \right|}$$

$$D_2 = \frac{2R_{min}}{\left| x(\bar{\eta}_1,1) - x(\bar{\eta}_1,-1) \right|}$$

(136)

onde o símbolo $|.-.|$ significa a distância entre dois pontos no espaço real. As distribuições típicas da estação Gauss 6 x 6 sobre um elemento quadrado são apresentadas na Figura 3, onde o agrupamento de pontos produzidos pela transformação é claramente visto em comparação com a integração Gaussiana padrão. Observe que, à medida que o ponto de origem se afasta do elemento, a concentração se torna menos pronunciada até que naturalmente desapareça e a quadratura padrão assuma o controle.

A partir da expressão (135), é observado que o agrupamento é efetivo até um valor R_{min} de cerca de 1,8 da dimensão do elemento de referência. Portanto, como essa distância está bem fora da faixa usual de subdivisão de elementos, o esquema também permite economias consideráveis em relação aos elementos que seriam integrados à Quadratura de Gauss simples, mas usando um grande número de pontos. A economia, é claro, aumenta à medida que ξ se aproxima do elemento (TELLES, 1987).

Meios eficientes de calcular integrais de elementos de contorno foram apresentados neste trabalho. Ênfase particular foi dada a uma nova transformação coordenada baseada em uma relação polinomial completa de terceiro grau, que pode ser aplicada a integrais de elementos atualmente encontradas em problemas bidimensionais e tridimensionais. Embora originalmente projetado para calcular integrais unidimensionais com singularidades logarítmicas, o procedimento foi encontrado para funcionar igualmente bem para integrais gerais de elementos quase singulares. Isso elimina a necessidade de subdivisão de elementos com uma grande redução geral no número de pontos de integração. A transformação produz um efeito de agrupamento nas posições do ponto de Gauss, movendo-as para o ponto de origem. Também apresenta uma característica auto-adaptativa importante que a torna inativa quando não é útil (ou seja, para grandes distâncias entre a fonte e o elemento). Além disso, o esquema precisa apenas das coordenadas locais do ponto do elemento localizadas na posição mais próxima do ponto de origem e da distância mínima da fonte ao elemento. Esses parâmetros já são calculados na maioria dos códigos MEC para selecionar o número de estações Gauss. Portanto, o procedimento é muito fácil de implementar em qualquer pacote MEC existente.

Ainda sobre a transformação de Telles, BALTZ, MAMMOLI e INGBER (1999) propõe uma modificação na transformação, cujos autores apontam duas melhorias incrementais feitas em relação a transformação de Telles. Na primeira, o valor pequeno ideal para o Jacobiano é determinado com base na distância mínima do ponto campo até o elemento e na regra de quadratura específica que está sendo empregada, por exemplo, a Quadratura de Gauss. Essa melhoria permite uma redução no número de pontos Gauss, mantendo um nível de precisão desejado. Na segunda, a própria transformação é modificada para que os pontos de Gauss sejam distribuídos mais uniformemente dentro do elemento, longe do ponto singular ou quase singular. Essas melhorias incrementais são comparadas por meio de comparações com integrais avaliadas semi-analiticamente.

Essa segunda melhoria incremental normalmente diminuiu os erros em cerca de 25% em comparação com a transformação Telles original, mas incorre no acréscimo de pequeno custo computacional.

BALTZ, MAMMOLI e INGBER (1999), citam, que TELLES e OLIVEIRA (1994) determinaram valores de $\bar{r}$ para distâncias normalizadas, D, até 14. No entanto, quando $\bar{r}$ se aproxima de 1, a transformação de Telles se aproxima do mapeamento de identidade (Figura 40) e verifica-se que, para $D > 2.5$, a quadratura baseada na transformação de Telles e a Quadratura de Gauss regular são de precisão comparável. Portanto, para $D > 2.5$, a despesa adicional de computar a transformação de Telles provavelmente não vale o pequeno aumento na precisão, em outras palavras, a Quadratura de Gauss pode apresentar resultados com precisão.

CAPÍTULO 4

4 MÉTODO DOS ELEMENTOS DE CONTORNO PARA PROBLEMAS TRANSIENTES

Nesse capítulo o Método dos Elementos de Contorno apresentado na seção anterior é acoplado ao Método de Diferenças Finitas como uma aproximação para o termo potencial derivativo presente na Equação da Difusão. Nos exemplos a seguir são adotados os coeficientes físicos envolvidos em cada problemas, bem como e suas respectivas unidade de medida.

4.1 EQUAÇÃO DA DIFUSÃO

A equação da difusão, (cuja unidade é °C.mm^{-2}) de acordo com GREENBERG (1998) é dada por:

$$\nabla^2 u(X,t) = \frac{1}{\alpha} \frac{\partial u(X,t)}{\partial t} \qquad (137)$$
$$X \in \Omega, \ X = (x,y); \ t > 0$$

De acordo com PETTRES (2014), a equação integral básica do Método dos Elementos de Contorno é:

$$C(\xi)u(\xi,t) = \int_\Gamma u^*(\xi,X) q(X,t)\, d\Gamma - \int_\Gamma q^*(\xi,X) u(X,t)\, d\Gamma - \qquad (138)$$
$$\frac{1}{\alpha} \int_\Omega \frac{\partial u(X,t)}{\partial t} u^*(\xi,X)\, d\Omega$$

Na equação anterior verifica-se a presença de uma integral de domínio na qual há um termo de derivada no tempo. Para resolver essa integral, pode-se utilizar o Método de Diferenças Finitas, descrito a seguir.

4.1.1 Modelo numérico de avanço no tempo

Acoplado ao MEC, o Método de Diferenças Finitas tem por finalidade obter a taxa de variação de uma grandeza, por exemplo entre dois instantes de tempo, sendo uma aproximação para o valor da derivada em determinado ponto quando $\Delta t \to 0$ (MORTON e MAYERS, 1994).

Desta forma, a derivada no tempo presente na equação (65) é aproximada pelo quociente da variação dos potenciais pelo intervalo de tempo correspondente, conforme a equação (139).

$$\frac{\partial u(X,t)}{\partial t} = \frac{u(X,t+\Delta t) - u(X,t)}{\Delta t} \tag{139}$$

Substituindo (139) em (65) e agrupando-se convenientemente os termos, obtém-se:

$$C(\xi)u(\xi,t+\Delta t) = \int_\Gamma u^*(\xi,X) q(X,t+\Delta t)\, d\Gamma - \int_\Gamma q^*(\xi,X) u(X,t+\Delta t)\, d\Gamma - \frac{1}{\alpha \Delta t}\left(\int_\Omega u(X,t+\Delta t)\, u^*(\xi,X)\, d\Omega - \int_\Omega u(X,t)\, u^*(\xi,X)\, d\Omega\right) \tag{140}$$

Usando a aproximação de Diferenças Finitas a equação original passa a ser uma equação com solução obtida recursivamente em um número *m* de passos de tempo Δt, calculado a partir do critério de estabilidade (utilizado para o caso dependente do tempo) que relaciona Δt ao tamanho do elemento de contorno Γ_j e ao coeficiente de difusividade térmica α do material, que segundo WROBEL (1981) *apud* ONISHI, KUROKI e TANAKA (1984) pode ser estimado da seguinte forma:

$$\Delta t \leq \frac{\Gamma_j^{\,2}}{2\alpha} \tag{141}$$

cuja unidade é o segundo.

Utilizando notação matricial, pode-se escrever a equação (156) da seguinte forma:

$$\begin{bmatrix} \mathbf{H}^{cc} & \mathbf{0} \\ \mathbf{H}^{dc} & \mathbf{I} \end{bmatrix} \begin{bmatrix} \mathbf{u}^c \\ \mathbf{u}^d \end{bmatrix}_{m+1} = \begin{bmatrix} \mathbf{G}^{cc} \\ \mathbf{G}^{dc} \end{bmatrix} [\mathbf{q}^c]_{m+1} - \frac{1}{\alpha} \begin{bmatrix} \mathbf{M}^{cd} \\ \mathbf{M}^{dd} \end{bmatrix} \frac{1}{\Delta t} \left\{ [\mathbf{u}^d]_{m+1} - [\mathbf{u}^d]_m \right\} \tag{142}$$

Na equação (142), **H** e **G** são matrizes que resultam das integrais de contorno que contém $q^*(\xi,X)u(x)$ e $u^*(\xi,X)q(x)$, respectivamente, **M** resulta das integrais de domínio e **I** é a matriz identidade. O primeiro elemento de cada duplo superíndice indica a localização do ponto fonte ξ e o segundo, do ponto campo X, com c indicando contorno e d, domínio. Os subíndices $m+1$ e m indicam o tempo $t^{m+1} = (m+1)\Delta t$ e $t^m = (m)\Delta t$, onde Δt é o intervalo de tempo. Na formulação apresentada adotou-se Δt constante, calculado a partir da equação (141).

Agrupando os termos semelhantes da equação (142), obtém-se:

$$\begin{bmatrix} \mathbf{H}^{cc} & \frac{1}{\alpha \Delta t}\mathbf{M}^{cd} \\ \mathbf{H}^{dc} & \mathbf{I} + \frac{1}{\alpha \Delta t}\mathbf{M}^{dd} \end{bmatrix} \begin{bmatrix} \mathbf{u}^c \\ \mathbf{u}^d \end{bmatrix}_{m+1} = \begin{bmatrix} \mathbf{G}^{cc} \\ \mathbf{G}^{dc} \end{bmatrix} \begin{bmatrix} \mathbf{q}^c \end{bmatrix}_{m+1} + \frac{1}{\alpha \Delta t}\begin{bmatrix} \mathbf{M}^{cd} \\ \mathbf{M}^{dd} \end{bmatrix} \begin{bmatrix} \mathbf{u}^d \end{bmatrix}_m \qquad (143)$$

4.1.2 Implementação computacional com o uso de células - Placa

A formulação do MEC foi aplicada inicialmente na solução de uma placa, domínio quadrado de aresta unitária ($x = y = 1$ mm). Nessa análise, 20 elementos lineares de contorno e 200 células constantes de domínio (como apresentado em 3.3.2) foram utilizados (Figura 42), sob as seguintes condições de contorno (144) e iniciais (145):

$$u(X,t) = 10\ °C \qquad\qquad X \in \Gamma \qquad (144)$$

que corresponde a uma temperatura constante ao logo de todo o contorno e fixa para todos os tempos e

$$u_0(X,t_0) = 0\ °C \qquad\qquad X \in \Omega \qquad (145)$$

que corresponde a uma temperatura constante no domínio do problema apenas no início da propagação do calor.

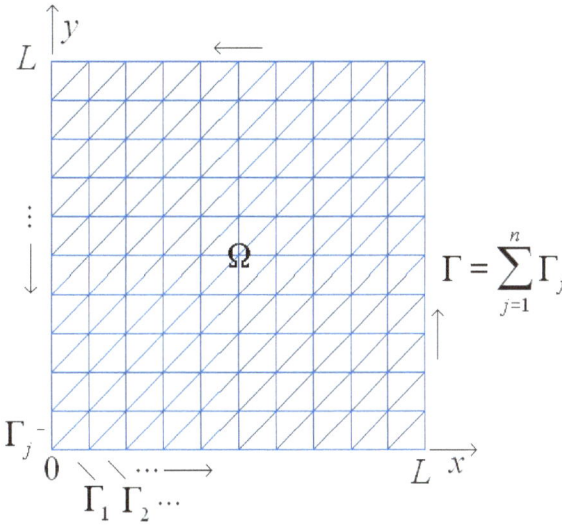

Figura 42 – Ilustração do modelo geométrico e discretização do contorno e domínio.

O intuito dessa análise foi verificar o desempenho da formulação adotada a partir do MEC em relação ao resultado analítico, que segundo CARRER *et al.* (2011) é dado pela equação (146):

$$u(x,y,t) = \bar{u} - \frac{16\bar{u}}{\pi^2} \sum_{m=1}^{\infty} \sum_{n=1}^{\infty} \frac{e^{-\frac{\alpha \pi^2}{L^2}(m^2+n^2)t}}{mn} \sin\left(\frac{m\pi x}{L}\right)\sin\left(\frac{n\pi y}{L}\right) \quad (146)$$

para *m* e *n* ímpares.

Os resultados obtidos para α igual a 0,05 mm²/s, 0,5 mm²/s e 1,0 mm²/s, respectivamente, são apresentadas a seguir.

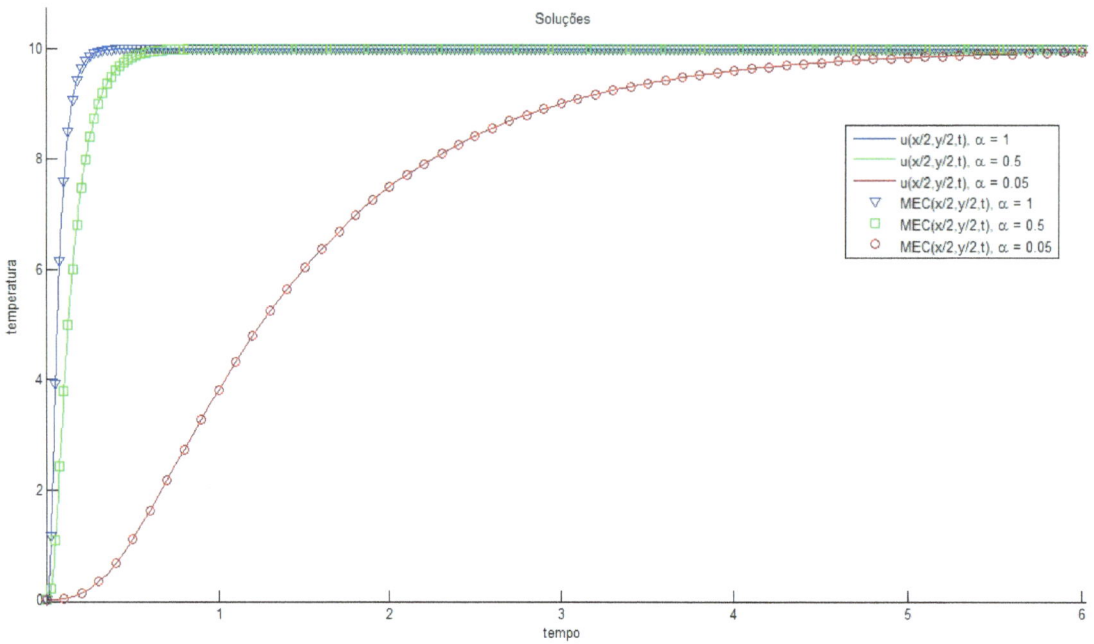

Figura 43 – Comparação entre a solução analítica e o MEC no ponto central da placa quadrada.

Para as simulações realizadas, obteve-se R^2 igual a 0,9994, 0,9992 e 0,9991, para os casos em que α teve como valor 0,05 mm²/s, 0,5 mm²/s e 1,0 mm²/s, respectivamente, indicando grande correlação entre as variáveis.

Na Figura 44 é ilustrado o processo de difusão do calor ao longo do tempo para o domínio do problema em instantes de tempo específicos para o caso em que a difusividade térmica (α) é igual a 1,0 mm²/s.

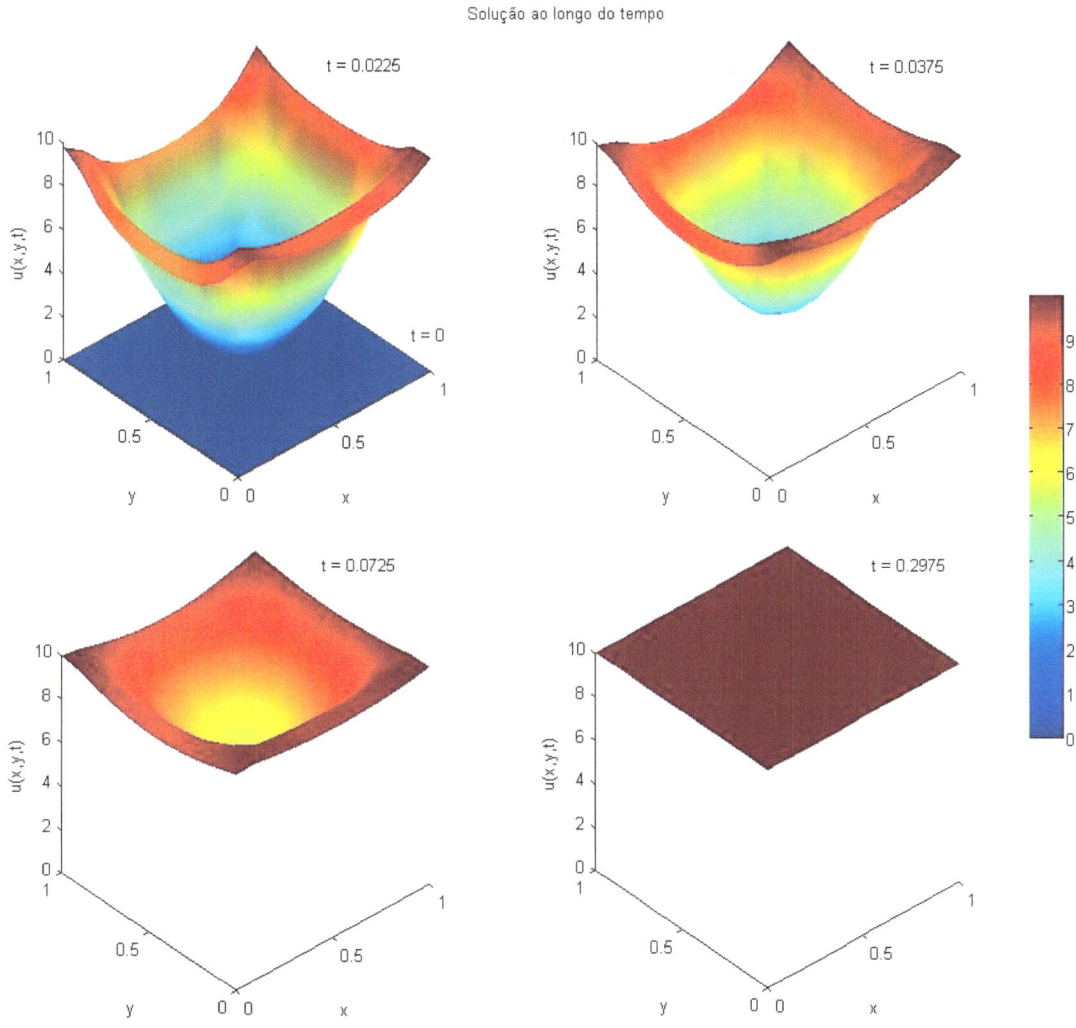

Figura 44 – Solução no domínio para diferentes tempos e α = 1,0 mm²/s.

A partir da Figura 44 é possível verificar a gradual elevação da temperatura do domínio, sendo a maior taxa de elevação observada na região mais próxima do contorno. Resultados similares foram verificados para os casos em α = 0,05 mm²/s e α = 0,5 mm²/s. A Figura 45 ilustra os resultados de dois casos testados com sob diferentes condições de contorno registradas na própria imagem.

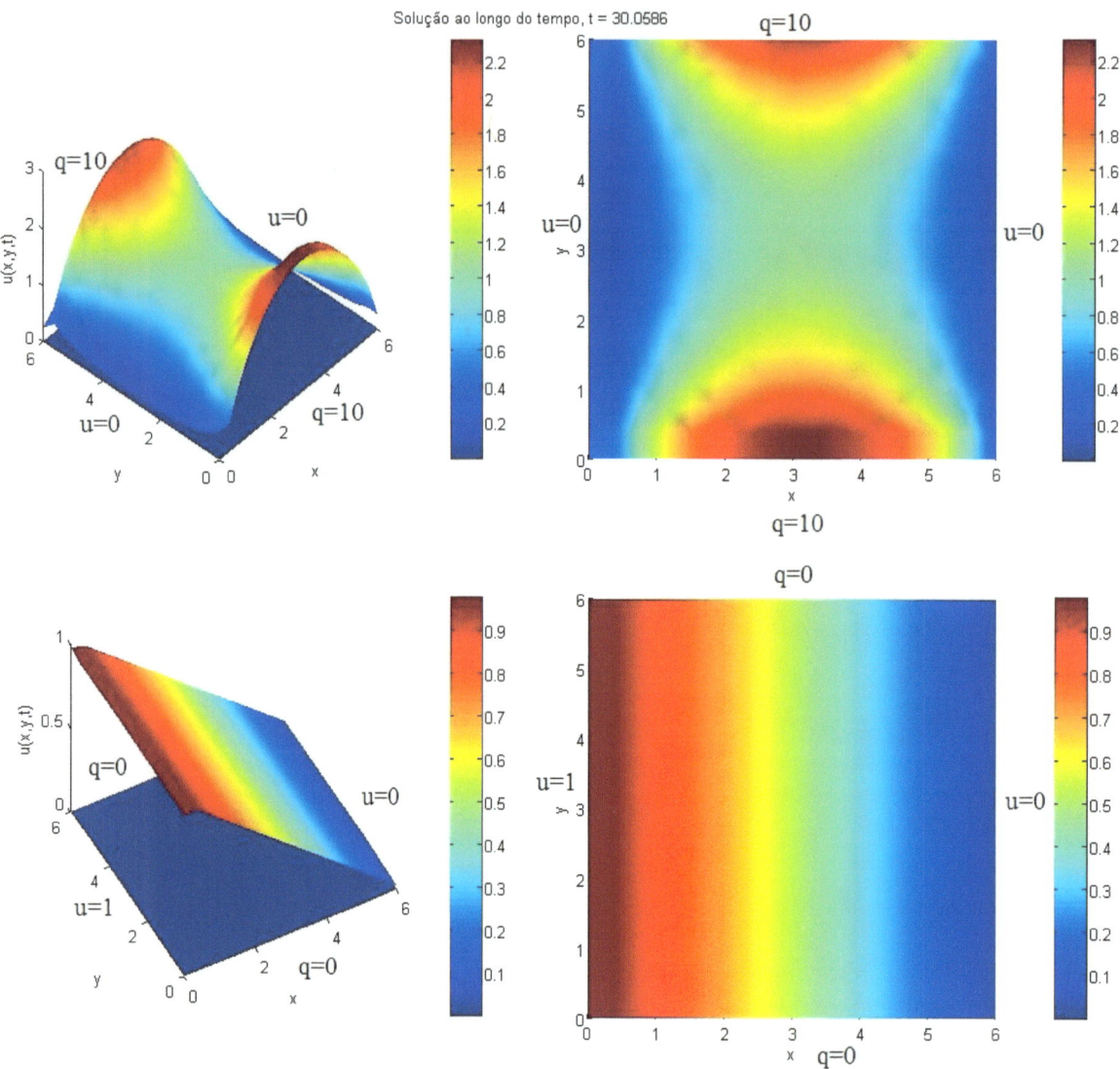

Figura 45 – Solução no domínio para diferentes condições de contorno ilustradas na própria imagem com α = 1,0 mm²/s.

4.1.3 Implementação computacional com células – Placa com o uso do Método Quadratura de Gauss em duas dimensões

Nessa abordagem, a integral de domínio que contém o termo potencial derivativo é calculada com o uso de diferenças finitas e com o Método Quadratura de Gauss, que em duas dimensões, é aproximada por:

$$\frac{1}{\alpha \Delta t}\left(\int_\Omega u(X,t+\Delta t)\,u^*(\xi,X)\,d\Omega - \int_\Omega u(X,t)\,u^*(\xi,X)\,d\Omega\right)=$$

$$\frac{1}{\alpha \Delta t}\sum_{c=1}^{c=Nc}\sum_{p=1}^{p=N}(u(X,t+\Delta t)-u(X,t))u^*(\xi,X_p)w(X_p)A_{\Omega_N} = \quad (147)$$

$$\frac{1}{\alpha \Delta t}\sum_{c=1}^{c=Nc}\sum_{p=1}^{p=N}(u(X,t+\Delta t)-u(X,t))\frac{1}{2\pi}\ln\left(\frac{1}{r_p}\right)w(X_p)A_{\Omega_N}$$

onde Nc é o número de células, A_{Ω_N} é a área de cada célula triangular, N é o número de pontos de Gauss em duas dimensões, $w(X_p)$ são os pesos de Gauss e $r_p = |\xi - X_p|$. A Figura 46 ilustra a localização de uma célula triangular e de alguns pontos e pesos de Gauss.

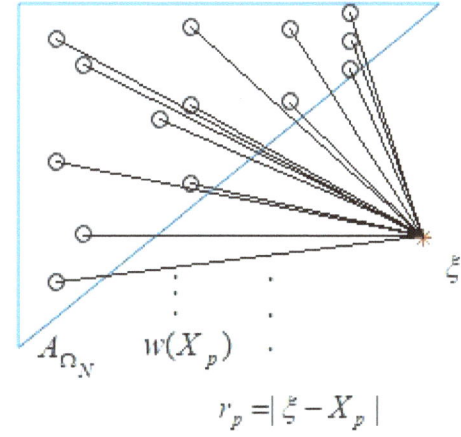

Figura 46 – Ilustração de uma célula genérica e localização dos pontos e pesos de Gauss em duas dimensões.

Adotando um domínio quadrado de aresta igual a 2 ($x = y = 2$ mm), 40 elementos lineares de contorno, 328 células de domínio (Figura 47) e 1312 pontos de Gauss (Figura 48), sob as seguintes condições de contorno (148) e iniciais (149):

$$u(X,t) = 10\ °C \qquad\qquad X \in \Gamma \quad (148)$$

que corresponde a uma temperatura constante ao logo de todo o contorno e fixa para todos os tempos e

$$u_0(X,t_0) = 0\ °C \qquad\qquad X \in \Omega \quad (149)$$

que corresponde a uma temperatura constante no domínio do problema apenas no início da propagação do calor.

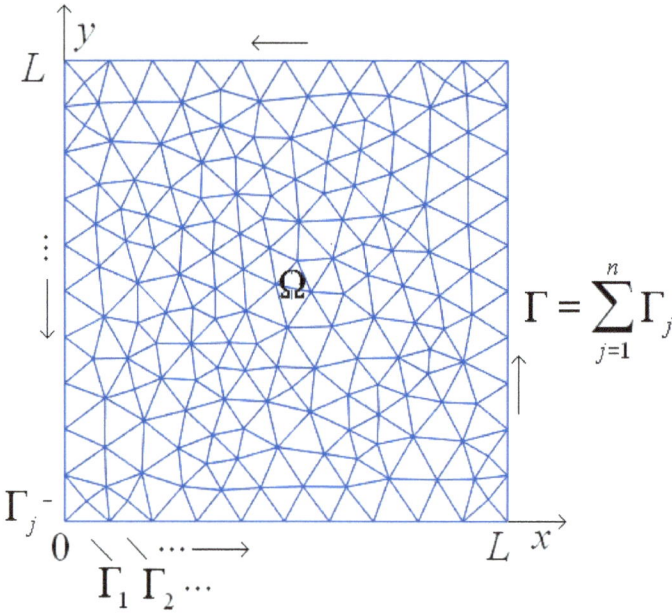

Figura 47 – Ilustração do modelo geométrico e discretização do contorno e domínio.

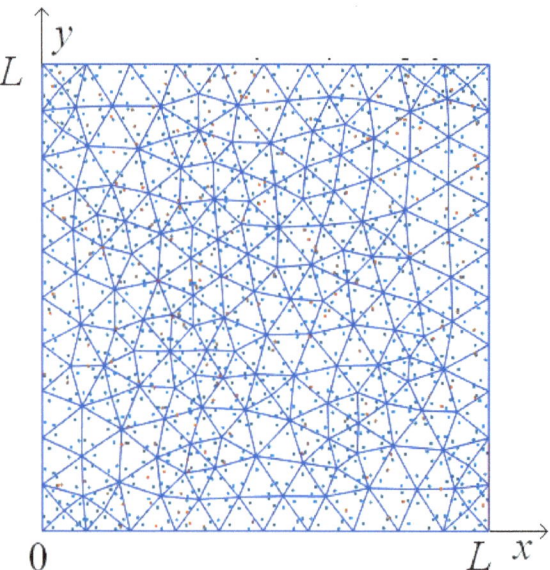

Figura 48 – Ilustração do modelo geométrico, discretização e pontos de Gauss.

Adotando α igual a 1,0 mm²/s, na Figura 49 ilustra-se o resultado numérico dessa formulação do MEC para todas as células de domínio, o qual está de acordo com o resultado analítico dado pela equação (146).

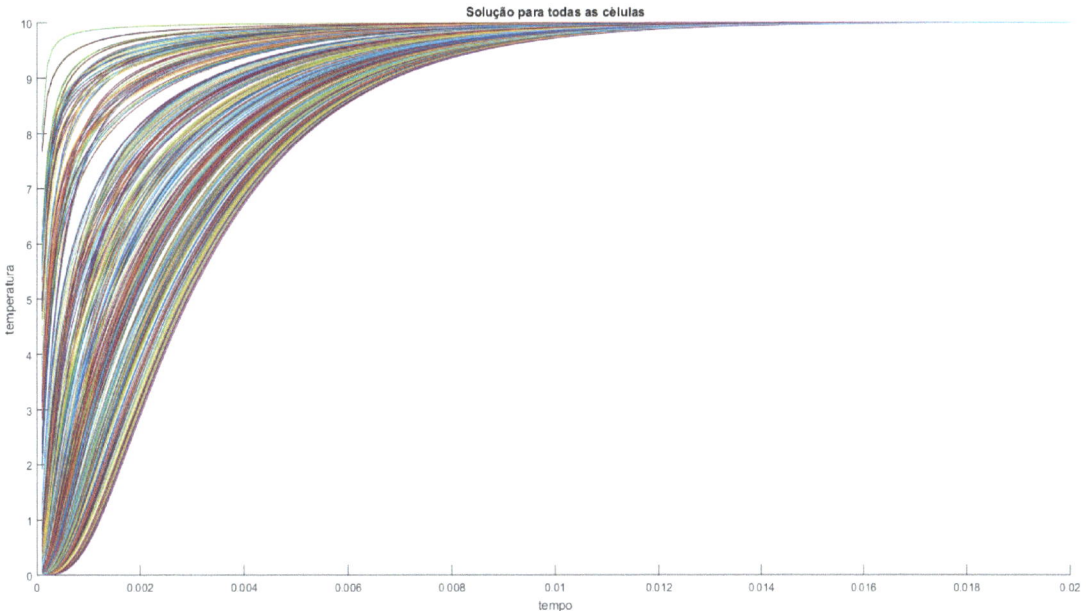

Figura 49 – Solução do MEC para todas as células de domínio quadrado.

A partir da Figura 49 é possível verificar a gradual elevação da temperatura do domínio, convergindo para o valor imposto pelas condição de contorno dadas pela equação (148).

4.1.4 Implementação computacional sem células – Placa com o uso do Método Monte Carlo

Nessa abordagem, a integral de domínio que contém o termo potencial derivativo é calculada com o uso de diferenças finitas e o uso do Método Monte Carlo, que em duas dimensões, é aproximada por:

$$\frac{1}{\alpha \Delta t}\left(\int_\Omega u(X,t+\Delta t)\, u^*(\xi,X)\,d\Omega - \int_\Omega u(X,t)\, u^*(\xi,X)\,d\Omega\right) =$$
$$\frac{1}{\alpha \Delta t}\frac{A_\Omega}{N}\sum_{p=1}^{p=N}(u(X,t+\Delta t)-u(X,t))u^*(\xi,X_p) = \qquad (150)$$
$$\frac{1}{\alpha \Delta t}\frac{A_\Omega}{N}\sum_{p=1}^{p=N}(u(X,t+\Delta t)-u(X,t))\frac{1}{2\pi}\ln\left(\frac{1}{r_p}\right)$$

onde A_Ω é a área do domínio, N é o número de pontos randômicos para integração de Monte Carlo e $r_p = |\xi - X_p|$.

De forma similar aos casos anteriores, porém, desconsiderando o uso de células de domínio e considerando apenas pontos randômico de amostragem no domínio, princípio do Método Monte Carlo, temos, para um domínio quadrado de aresta igual a 2 ($x = y = 2$ mm), 40 elementos lineares de contorno, 800 pontos randômicos de domínio (Figura 50), sob as condições de contorno (148) e iniciais (149), os seguinte resultados (Figura 51) obtidos para α igual a 0,05 mm²/s, 0,5 mm²/s e 1,0 mm²/s, respectivamente:

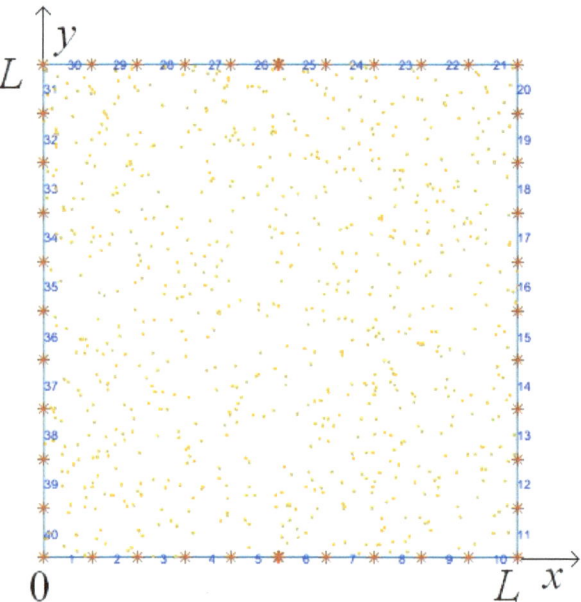

Figura 50 – Ilustração do modelo geométrico e pontos randômicos.

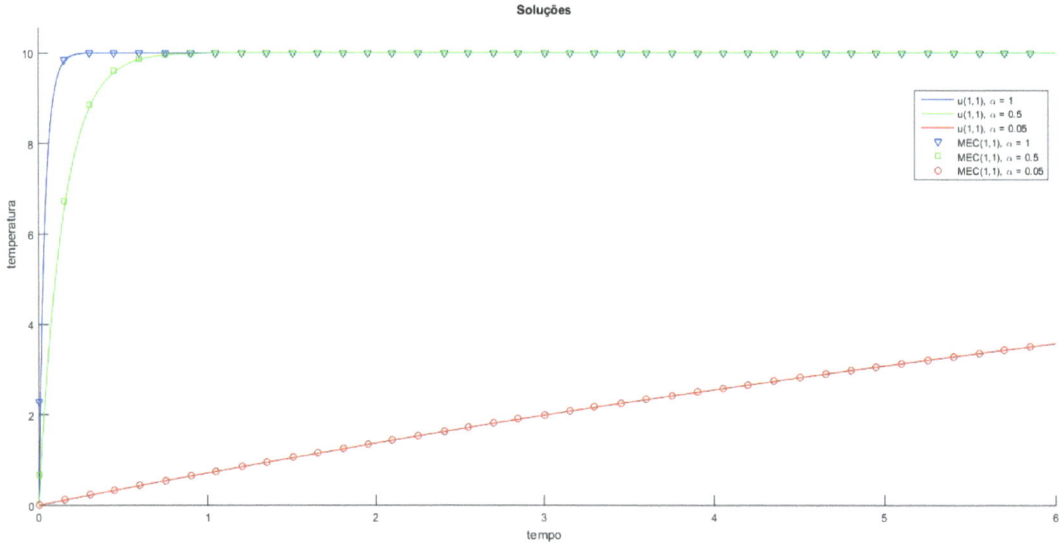

Figura 51 – Comparação entre a solução analítica e o MEC no ponto central da placa quadrada.

Na Figura 51 é ilustrado o processo de difusão do calor ao longo do tempo para o ponto central do domínio do problema ao longo do tempo para diferentes valores de difusividade térmica (α), em todos os casos coincidindo com a solução analítica.

4.1.5 Implementação computacional com o uso de células - Disco e análise numérica

Nessa análise numérica, optou-se em analisar o modelo geométrico de um disco, ilustrado pela (Figura 52), sob as seguintes condições de contorno e iniciais:

$$u(X,t) = 10\ °C \qquad\qquad X \in \Gamma \qquad (151)$$

que corresponde a uma temperatura constante ao longo de todo o contorno e fixa para todo o intervalo de análise e

$$u_0(X,t_0) = 0\ °C \qquad\qquad X \in \Omega \qquad (152)$$

que corresponde a uma temperatura constante e nula no domínio do problema no tempo inicial de análise.

A análise numérica foi realizada a partir de 16 elementos lineares de contorno sendo utilizados 16 pontos para a Quadratura de Gauss no processo de integração de tais elementos e 112 células triangulares constantes de domínio.

A numeração das células foi definida no sentido anti-horário tanto no sistema global composto por elementos e células quanto no sistema local de cada célula definida pelas coordenadas de seus vértices (Figura 52).

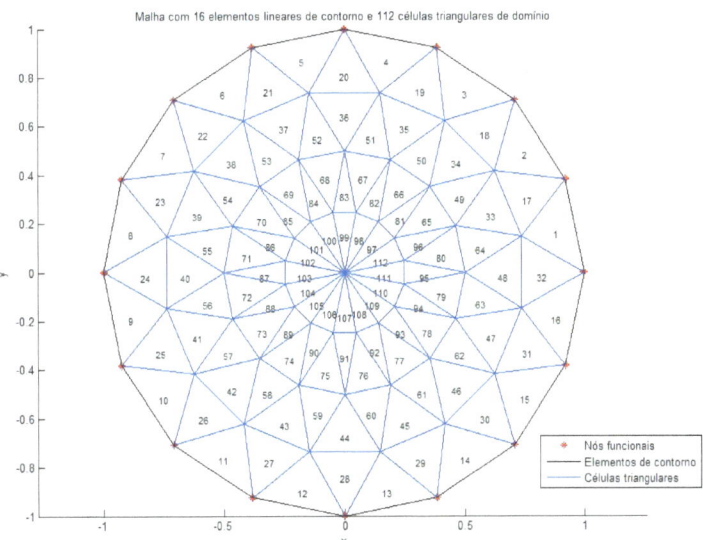

Figura 52 – Ilustração do modelo geométrico utilizado na implementação computacional (mm).

O intuito dessa análise foi verificar o desempenho da formulação desenvolvida a partir do MEC em relação ao resultado analítico, que, em coordenadas polares, é dado por GREENBERG (1998):

$$u(r,t) = \bar{u} - \frac{2\bar{u}}{R}\sum_{n=1}^{\infty}\frac{J_0(\lambda_n r)}{\lambda_n J_1(\lambda_n R)}e^{-\alpha \lambda_n^2 t} \tag{153}$$

onde J_0 e J_1 são funções de Bessel de primeira espécie de ordens zero e um, respectivamente. Os parâmetros λ_n são as raízes positivas da equação $J_0(\lambda_n)=0$ e nesse trabalho foram utilizadas as 100 primeiras em todas as análises como aproximação da solução analítica.

4.1.5.1 Resultados e validação do modelo

Para verificar a significância dos valores obtidos numericamente com o MEC, foi aplicado o método estatístico de regressão linear sobre os resultados numéricos ($\text{MEC}(0,t)$) e analíticos ($u(0,t)$) até a convergência dos mesmos, avaliados no centro do disco, sendo calculado o coeficiente de determinação R^2 (quadrado do coeficiente de Pearson). O valor de R^2 muito próximo da unidade indica uma forte relação entre as duas variáveis (MONTGOMERY e RUNGER, 2003). Estes resultados e a distribuição dos valores de temperatura são ilustrados pelas figuras a seguir.

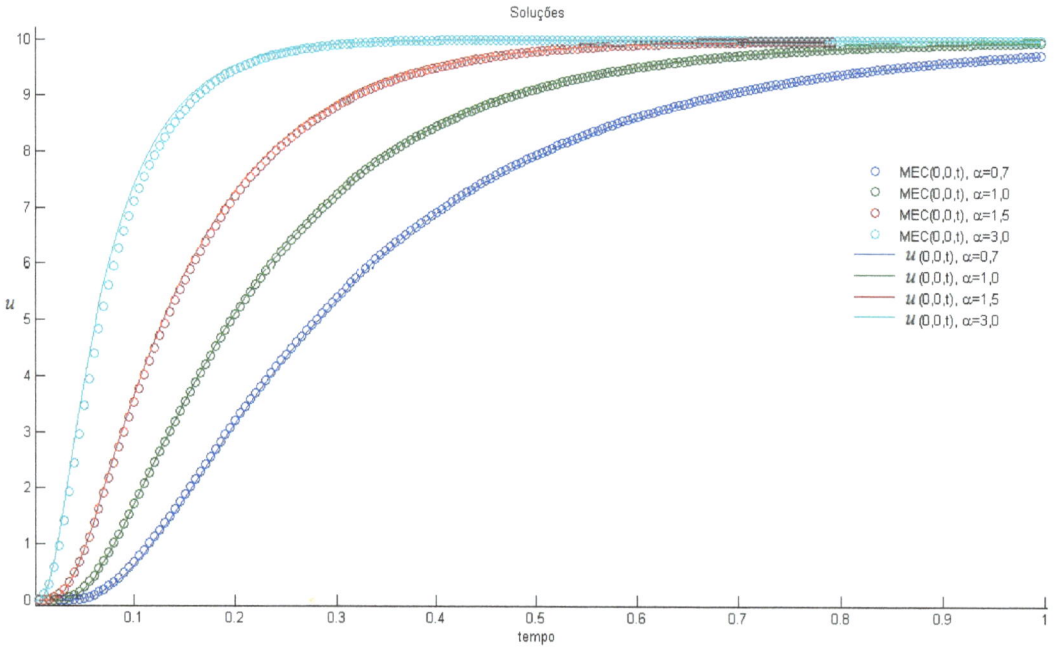

Figura 53 – Comparação entre a solução analítica e o MEC no ponto central do disco.

Para as simulações realizadas, obteve-se R^2 igual a 0,99992, 0,99998, 0,99968 e 0,99686, para os casos em que α teve como valor 0,7, 1,0, 1,5 e 3,0 mm²/s, respectivamente, indicando excelente correlação entre as variáveis.

Na Figura 54 é ilustrado o processo de difusão do calor ao longo do tempo para o domínio do problema em instantes de tempo específicos para o caso em que a difusividade térmica (α) é igual a 1,0 mm²/s.

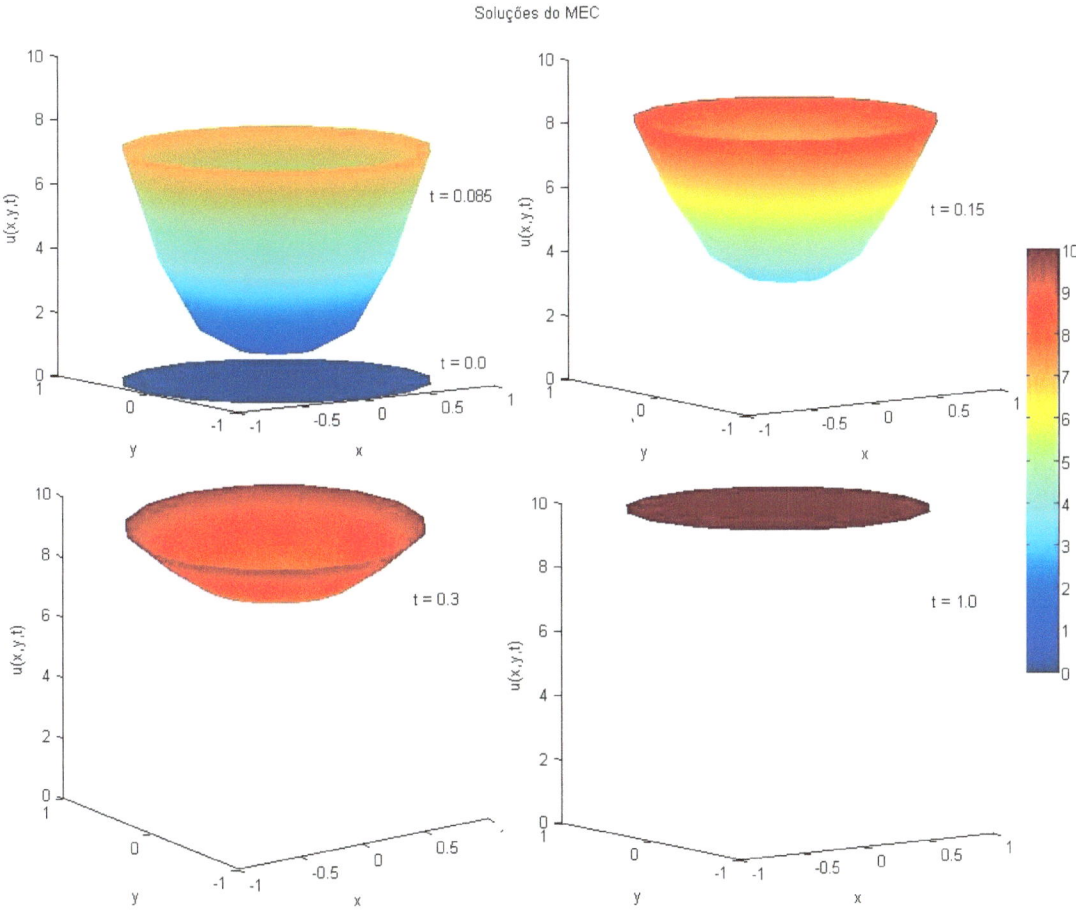

Figura 54 – Solução no domínio para diferentes tempos e α = 1,0 mm²/s.

A partir da Figura 54 é possível verificar a gradual elevação da temperatura do domínio, sendo a maior taxa de elevação observada na região mais próxima do contorno. Resultados similares foram verificados para os casos em que α = 0,7 mm²/s, α = 1,5 mm²/s e α = 3,0 mm²/s.

4.2 EQUAÇÃO DA DIFUSÃO COM TERMO NÃO HOMOGÊNEO

A formulação do MEC agora é utilizada para solução da equação da difusão do calor em dois testes complementares a partir do mesmo modelo geométrico em forma de disco. Esses testes consistem no acoplamento de termos não homogêneos na equação diferencial da difusão do calor. No primeiro teste acopla-se um termo dissipativo ($hu(X,t)$) na equação da difusão do calor, representando a presença de uma fonte irreversível de calor. No segundo teste, a não homogeneidade na equação da difusão do calor é devida ao acoplamento de um termo constante igual a $F(X,t)/k$ na equação, representando geração interna de calor. Em ambos os casos, a inclusão de tais termos não traz novos problemas envolvendo singularidades, permitindo que as mesmas rotinas de integração sejam utilizadas.

4.2.1 Equação da Difusão com termo dissipativo

A equação da difusão com termo dissipativo ($hu(X,t)$, cuja unidade é °C.mm^{-2}) de acordo com ZILL e CULLEN (2001) é dada por:

$$\nabla^2 u(X,t) - hu(X,t) = \frac{1}{\alpha} \frac{\partial u(X,t)}{\partial t} \tag{154}$$
$$X \in \Omega, \ X = (x,y); h > 0; t > 0$$

A equação integral básica do Método dos Elementos de Contorno é:

$$C(\xi)u(\xi,t) = \int_\Gamma u^*(\xi,X) q(X,t)\, d\Gamma - \int_\Gamma q^*(\xi,X) u(X,t)\, d\Gamma - \tag{155}$$

$$\int_\Omega hu(X,t) u^*(\xi,X)\, d\Omega - \frac{1}{\alpha} \int_\Omega \frac{\partial u(X,t)}{\partial t} u^*(\xi,X)\, d\Omega$$

Utilizando o MDF e agrupando convenientemente os termos, obtém-se:

$$C(\xi)u(\xi,t+\Delta t) = \int_{\Gamma} u^*(\xi,X)q(X,t+\Delta t)\,d\Gamma - \qquad (156)$$

$$\int_{\Gamma} q^*(\xi,X)u(X,t+\Delta t)\,d\Gamma - \int_{\Omega} hu(X,t+\Delta t)u^*(\xi,X)\,d\Omega -$$

$$\frac{1}{\alpha\,\Delta t}\left(\int_{\Omega} u(X,t+\Delta t)u^*(\xi,X)\,d\Omega - \int_{\Omega} u(X,t)u^*(\xi,X)\,d\Omega\right)$$

Assim, utilizando notação matricial, pode-se escrever a equação (156) da seguinte forma:

$$\begin{bmatrix} \mathbf{H}^{cc} & \mathbf{0} \\ \mathbf{H}^{dc} & \mathbf{I} \end{bmatrix}\begin{bmatrix} \mathbf{u}^c \\ \mathbf{u}^d \end{bmatrix}_{m+1} = \begin{bmatrix} \mathbf{G}^{cc} \\ \mathbf{G}^{dc} \end{bmatrix}\left[\mathbf{q}^c\right]_{m+1} - h\begin{bmatrix} \mathbf{M}^{cd} \\ \mathbf{M}^{dd} \end{bmatrix}\begin{bmatrix} \mathbf{u}^c \\ \mathbf{u}^d \end{bmatrix}_{m+1} + \qquad (157)$$

$$-\frac{1}{\alpha}\begin{bmatrix} \mathbf{M}^{cd} \\ \mathbf{M}^{dd} \end{bmatrix}\frac{1}{\Delta t}\left\{\left[\mathbf{u}^d\right]_{m+1} - \left[\mathbf{u}^d\right]_m\right\}$$

Agrupando convenientemente os termos da equação (157), tem-se:

$$\begin{bmatrix} \mathbf{H}^{cc} & \left(\dfrac{1}{\alpha\,\Delta t}+h\right)\mathbf{M}^{cd} \\ \mathbf{H}^{dc} & \mathbf{I}+\left(\dfrac{1}{\alpha\,\Delta t}+h\right)\mathbf{M}^{dd} \end{bmatrix}\begin{bmatrix} \mathbf{u}^c \\ \mathbf{u}^d \end{bmatrix}_{m+1} = \begin{bmatrix} \mathbf{G}^{cc} \\ \mathbf{G}^{dc} \end{bmatrix}\left[\mathbf{q}^c\right]_{m+1} + \frac{1}{\alpha\,\Delta t}\begin{bmatrix} \mathbf{M}^{cd} \\ \mathbf{M}^{dd} \end{bmatrix}\left[\mathbf{u}^d\right]_m \qquad (158)$$

As condições de contorno e iniciais utilizadas nas simulações são:

$$u(X,t) = 0\,°C \qquad\qquad X \in \Gamma \qquad (159)$$

que corresponde a uma temperatura constante ao longo de todo o contorno e fixa para todo o intervalo de análise e

$$u_0(X,t_0) = 1°C \qquad\qquad X \in \Omega \qquad (160)$$

que corresponde a uma temperatura constante e unitária no domínio do problema no tempo inicial de análise.

O intuito dessa análise foi verificar o desempenho da formulação do MEC com o uso de elementos de contorno lineares e células de domínio em relação ao resultado analítico, que em coordenadas polares é dado por ZILL e CULLEN (2001):

$$u(r,t) = 2e^{-ht} \sum_{n=1}^{\infty} \frac{J_0(\lambda_n r)}{\lambda_n J_1(\lambda_n R)} e^{-\alpha \lambda_n^2 t} \qquad (161)$$

4.2.1.1 Resultados

Procedendo da mesma forma como no caso anterior, têm-se os seguintes resultados para $h = 1$:

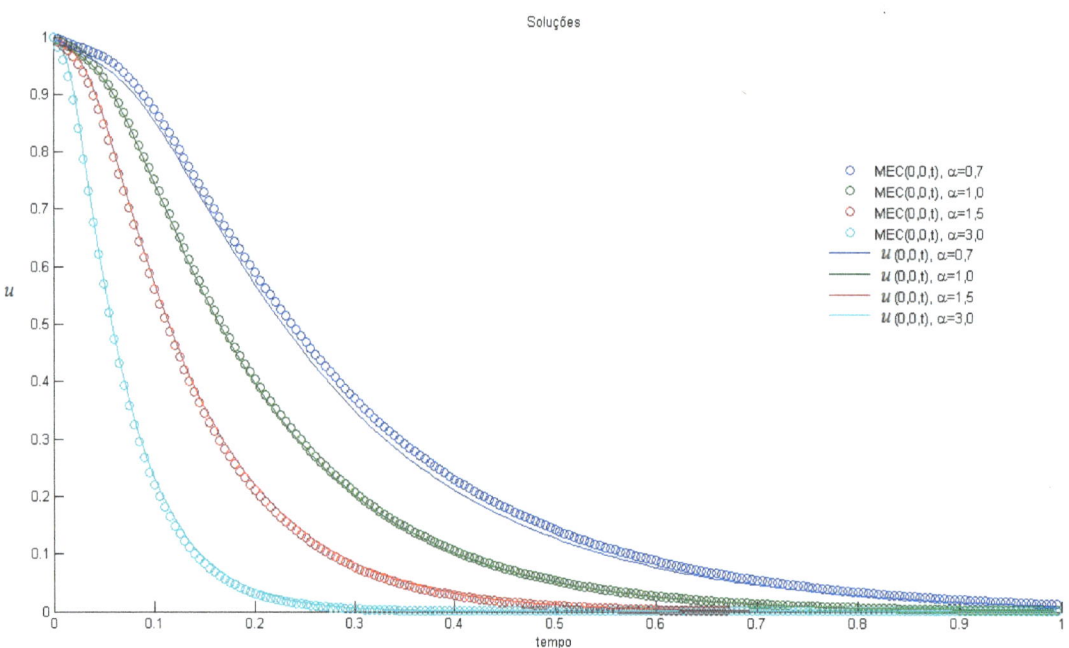

Figura 55 – Comparação entre a solução analítica e o MEC no ponto central do disco.

Para as simulações realizadas, obteve-se R^2 igual a 0,99788, 0,99988, 0,99949 e 0,99931, para os casos em que α teve como valor 0,7, 1,0, 1,5 e 3,0 mm²/s, respectivamente, indicando excelente correlação entre as variáveis.

Na Figura 56 é ilustrado o processo de difusão do calor ao longo do tempo para o domínio do problema em instantes de tempo específicos para o caso em que a difusividade térmica (α) é igual a 1,0 mm²/s.

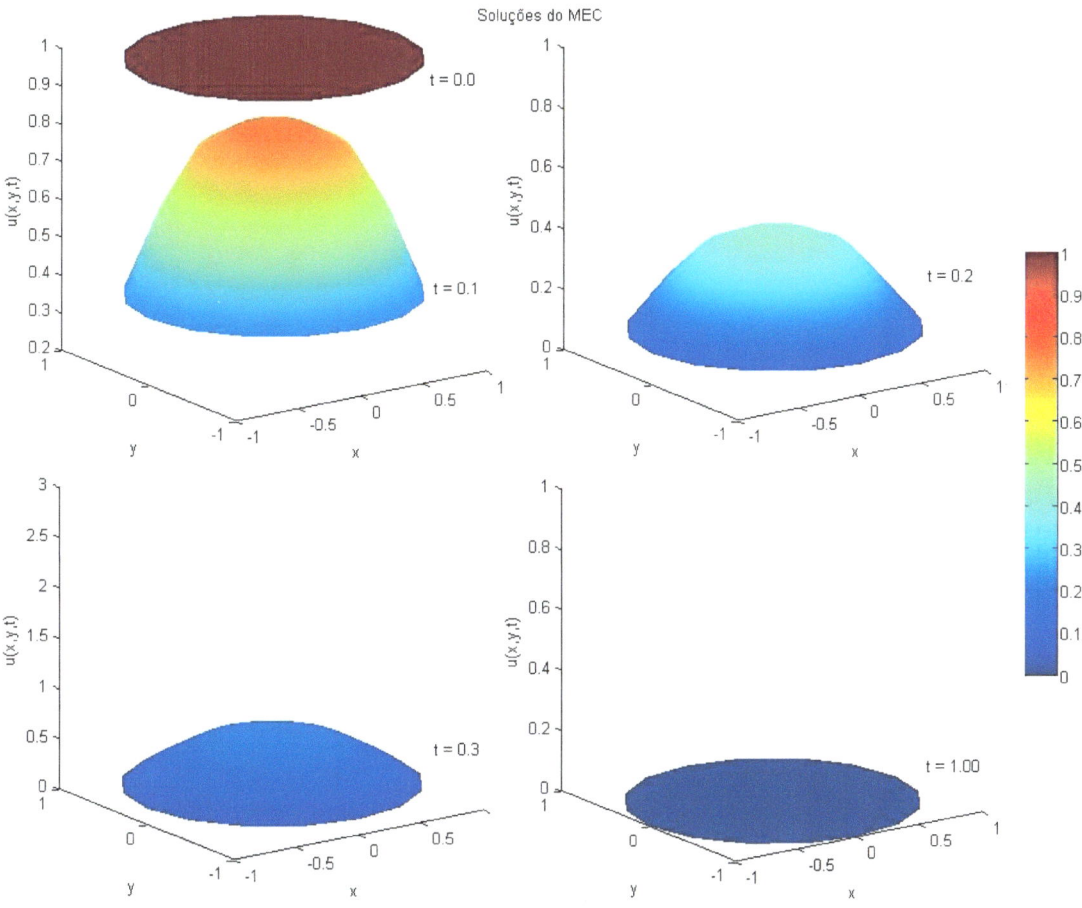

Figura 56 – Solução no domínio para diferentes tempos contando com o termo dissipativo e $\alpha = 1{,}0$ mm²/s.

A partir da Figura 56 é possível verificar a gradual diminuição da temperatura do domínio, sendo observado o resfriamento com maior velocidade na região mais exterior do disco, resultado da proximidade da mesma ao contorno. Resultados similares foram verificados para os casos em que $\alpha = 0{,}7$ mm²/s, $\alpha = 1{,}5$ mm²/s e $\alpha = 3{,}0$ mm²/s.

Ainda em relação ao problema contendo o termo dissipativo, buscou-se determinar a influência do coeficiente h no modelo matemático. Para tanto, testes subsequentes foram realizados adotando-se $\alpha = 1{,}0$ mm²/s e tomando os valores 0,05, 0,5, 1,5 e 5,0 para o coeficiente h. A Figura 57 apresenta a distribuição de temperatura para cada caso testado.

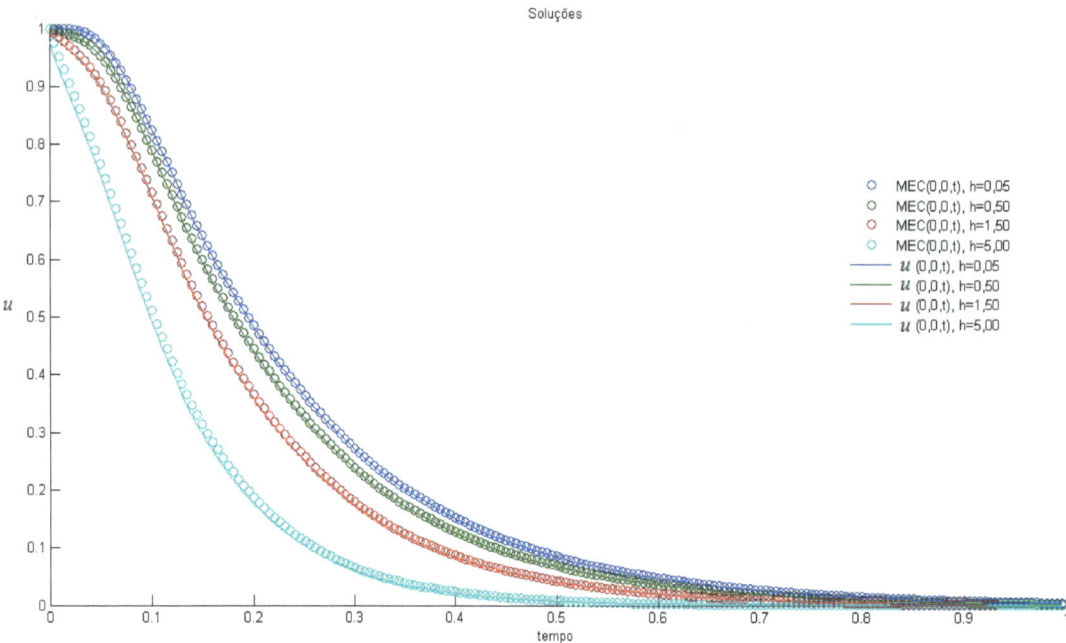

Figura 57 – Comparação entre a solução analítica e o MEC no ponto central do disco para valor de h = 0,05 (azul), 0,5 (verde), 1,5 (vermelho) e 5,0 (ciano).

Observa-se na Figura 57 uma redução (dissipação) do calor a uma taxa maior para o caso em h = 5,0 (linha e circunferências em ciano), seguido por menores taxas para h = 1,5 (linha e circunferências em vermelho), h = 0,5 (linha e circunferências em verde) e h = 0,05 (linha e circunferências em azul), respectivamente. Esses resultados indicam que para valores maiores de h, obtém-se maiores taxas de dissipação do calor mantendo-se α constante.

Comparando os resultados numéricos obtidos aos analíticos, obteve-se nessas simulações, R^2 igual a 0,99998, 0,99995, 0,99979 e 0,99852, para os casos em que h teve como valor 0,05, 0,5, 1,5 e 5,0, respectivamente, indicando alto nível de correlação entre as variáveis.

4.2.2 Equação da Difusão com geração de calor

De acordo com WALL (2009) a equação da difusão com termo não homogêneo igual a $F(X,t)/k$ (°C.mm^{-2}), representando a geração interna de calor, é dada por:

$$\nabla^2 u(X,t) + \frac{F(X,t)}{k} = \frac{1}{\alpha}\frac{\partial u(X,t)}{\partial t} \qquad (162)$$
$$X \in \Omega,\ X=(x,y)$$

onde k é a condutividade térmica cuja unidade é W/mm°C.

A equação integral básica do Método dos Elementos de Contorno é:

$$C(\xi)u(\xi,t) = \int_\Gamma u^*(\xi,X)q(X,t)\,d\Gamma - \int_\Gamma q^*(\xi,X)u(X,t)\,d\Gamma - \tag{163}$$

$$\frac{1}{\alpha}\int_\Omega \frac{\partial u(X,t)}{\partial t} u^*(\xi,X)\,d\Omega + \frac{1}{k}\int_\Omega u^*(\xi,X)F(X,t)\,d\Omega$$

Utilizando o MDF e agrupando convenientemente os termos, obtém-se:

$$C(\xi)u(\xi,t+\Delta t) = \int_\Gamma u^*(\xi,X)q(X,t+\Delta t)\,d\Gamma - \int_\Gamma q^*(\xi,X)u(X,t+\Delta t)\,d\Gamma - \tag{164}$$

$$\frac{1}{\alpha\,\Delta t}\left(\int_\Omega u(X,t+\Delta t)\,u^*(\xi,X)\,d\Omega - \int_\Omega u(X,t)\,u^*(\xi,X)\,d\Omega\right) +$$

$$\frac{1}{k}\int_\Omega u^*(\xi,X)F(X,t+\Delta t)\,d\Omega$$

Em notação matricial, pode-se escrever a equação (164) da seguinte forma:

$$\begin{bmatrix} \mathbf{H}^{cc} & \mathbf{0} \\ \mathbf{H}^{dc} & \mathbf{I} \end{bmatrix} \begin{bmatrix} \mathbf{u}^c \\ \mathbf{u}^d \end{bmatrix}_{m+1} = \begin{bmatrix} \mathbf{G}^{cc} \\ \mathbf{G}^{dc} \end{bmatrix} \begin{bmatrix} \mathbf{q}^c \end{bmatrix}_{m+1} - \tag{165}$$

$$\frac{1}{\alpha}\begin{bmatrix} \mathbf{M}^{cd} \\ \mathbf{M}^{dd} \end{bmatrix} \frac{1}{\Delta t}\left\{ \begin{bmatrix} \mathbf{u}^d \end{bmatrix}_{m+1} - \begin{bmatrix} \mathbf{u}^d \end{bmatrix}_m \right\} + \frac{1}{k}\begin{bmatrix} \mathbf{F}^{cd} \\ \mathbf{F}^{dd} \end{bmatrix}_{m+1}$$

Na equação (165), **F** resulta da integral de domínio que contém a solução fundamental ponderada pelo termo de geração de calor.

Agrupando os termos semelhantes da equação (165), tem-se:

$$\begin{bmatrix} \mathbf{H}^{cc} & \dfrac{1}{\alpha \Delta t}\mathbf{M}^{cd} \\ \mathbf{H}^{dc} & \mathbf{I}+\dfrac{1}{\alpha \Delta t}\mathbf{M}^{dd} \end{bmatrix} \begin{bmatrix} \mathbf{u}^{c} \\ \mathbf{u}^{d} \end{bmatrix}_{m+1} = \begin{bmatrix} \mathbf{G}^{cc} \\ \mathbf{G}^{dc} \end{bmatrix}\begin{bmatrix} \mathbf{q}^{c} \end{bmatrix}_{m+1} + \qquad (166)$$

$$\dfrac{1}{\alpha \Delta t}\begin{bmatrix} \mathbf{M}^{cd} \\ \mathbf{M}^{dd} \end{bmatrix}\begin{bmatrix} \mathbf{u}^{d} \end{bmatrix}_{m} + \dfrac{1}{k}\begin{bmatrix} \mathbf{F}^{cd} \\ \mathbf{F}^{dd} \end{bmatrix}_{m+1}$$

As soluções numéricas para o modelo matemático contendo geração constante de calor foram obtidas a partir das condições de contorno e iniciais dadas por:

$$u(X,t) = 0\,°C \qquad X \in \Gamma \qquad (167)$$

que corresponde a uma temperatura nula e constante ao longo de todo o contorno e fixa para todo o intervalo de análise e

$$u_0(X,t_0) = 0\,°C \qquad X \in \Omega \qquad (168)$$

que corresponde a uma temperatura constante e nula no domínio do problema no tempo inicial de análise.

O termo de geração de calor é definido da seguinte forma (fonte constante):

$$\dfrac{F(X,t)}{k} = 10\,°C\,mm^{-2} \qquad X \in \Omega,\ 0 < t < \infty \qquad (169)$$

que representa geração constante de calor ao longo do tempo em todo o domínio. Pelas condições impostas em (167) e (168), a evolução térmica do problema proposto depende da fonte geradora de calor (169).

A solução analítica do presente problema em coordenadas polares é dada por WALL (2009):

$$u(r,t) = \dfrac{R^2 - r^2}{4s} - \dfrac{2}{Rs}\sum_{n=1}^{\infty} \dfrac{J_0(\lambda_n r)}{\lambda_n^3 J_1(\lambda_n R)} e^{-\alpha \lambda_n^2 t} \qquad (170)$$

onde $s = \dfrac{k}{F(X,t)}$.

4.2.2.1 Resultados

Procedendo da mesma forma como no caso anterior, têm-se os seguintes resultados:

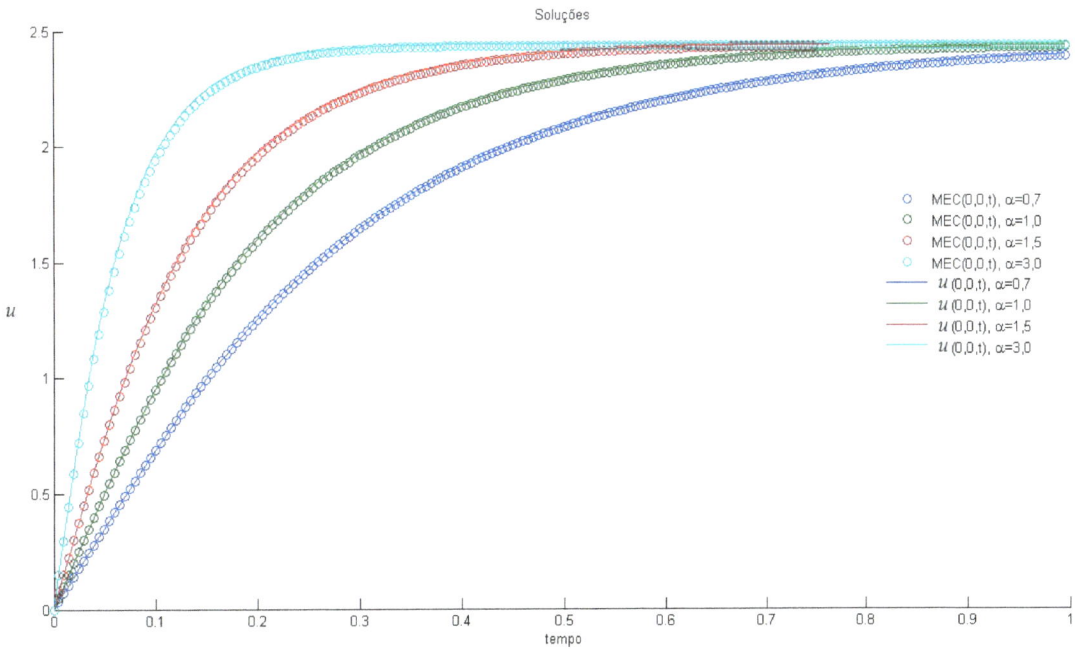

Figura 58 – Comparação entre a solução analítica e o MEC no ponto central do disco.

Para as simulações realizadas, obteve-se R^2 igual a 0,99991, 0,99981, 0,99962 e 0,99888 para os casos em que α teve como valor 0,7, 1,0, 1,5 e 3,0 mm^2/s, respectivamente, indicando excelente correlação entre as variáveis.

Na Figura 59 é apresentado o processo de difusão do calor ao longo do tempo para o domínio do problema em instantes específicos de tempo, utilizando-se o valor 1,0 mm^2/s para a difusividade térmica (α).

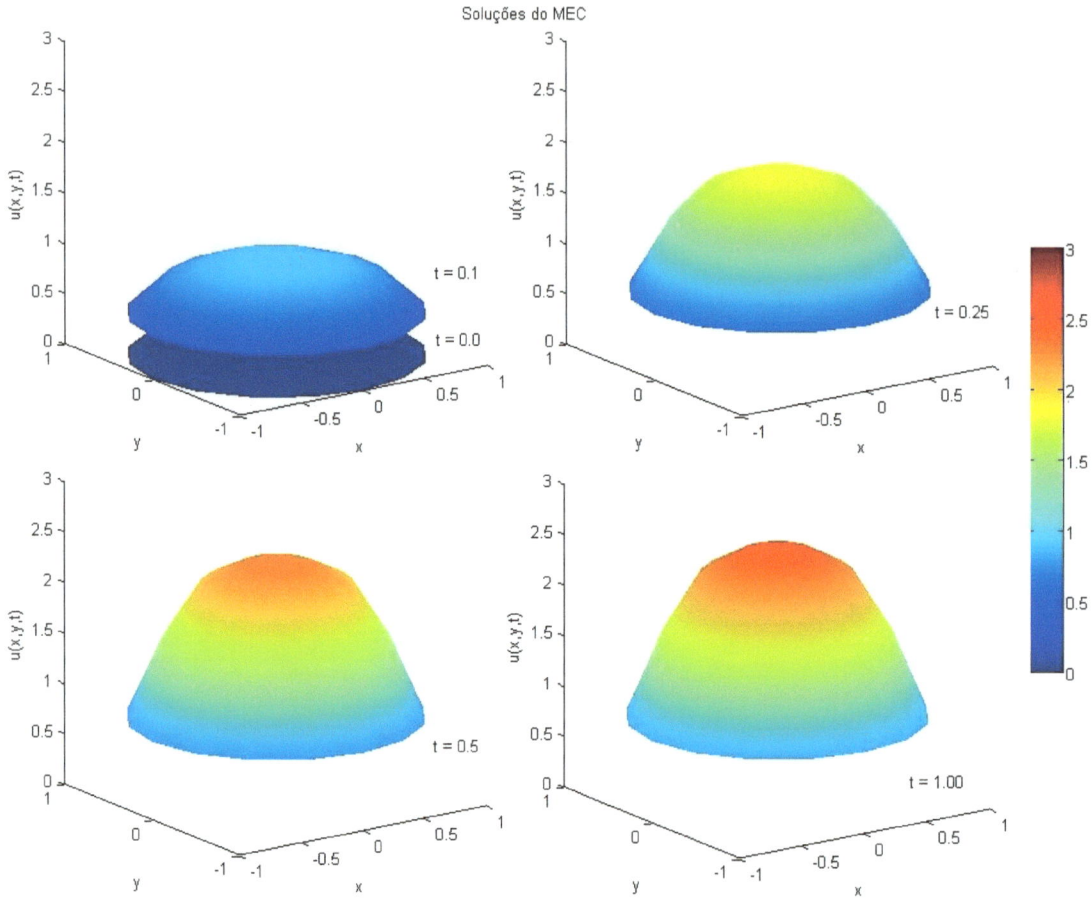

Figura 59 – Solução no domínio para diferentes tempos contando com o termo de geração de calor e $\alpha = 1,0$ mm²/s.

A partir da Figura 59 é possível verificar a gradual elevação da temperatura das células de domínio, apresentando maior taxa de elevação na região central do disco, resultado do efeito do termo de geração de calor e da condição de contorno adotada, mantendo a região mais externa do disco sob temperaturas menores. Resultados similares foram verificados para os casos em que $\alpha = 0,7$ mm²/s, $\alpha = 1,5$ mm²/s e $\alpha = 3,0$ mm²/s.

Em uma análise complementar, sob a mesma condição de contorno e inicial, testou-se o modelo numérico para o caso em que o termo de geração de calor é negativo, assumindo a seguinte forma:

$$\frac{F(X,t)}{k} = -10 \; ^\circ C \, mm^{-2} \qquad X \in \Omega, \;\; 0 < t < \infty \qquad (171)$$

Os resultados obtidos para esse caso são simétricos em relação ao eixo do tempo aos registrados no caso do termo positivo de geração de calor, estando o modelo numérico do MEC de acordo com a solução analítica do problema como mostra a Figura 60.

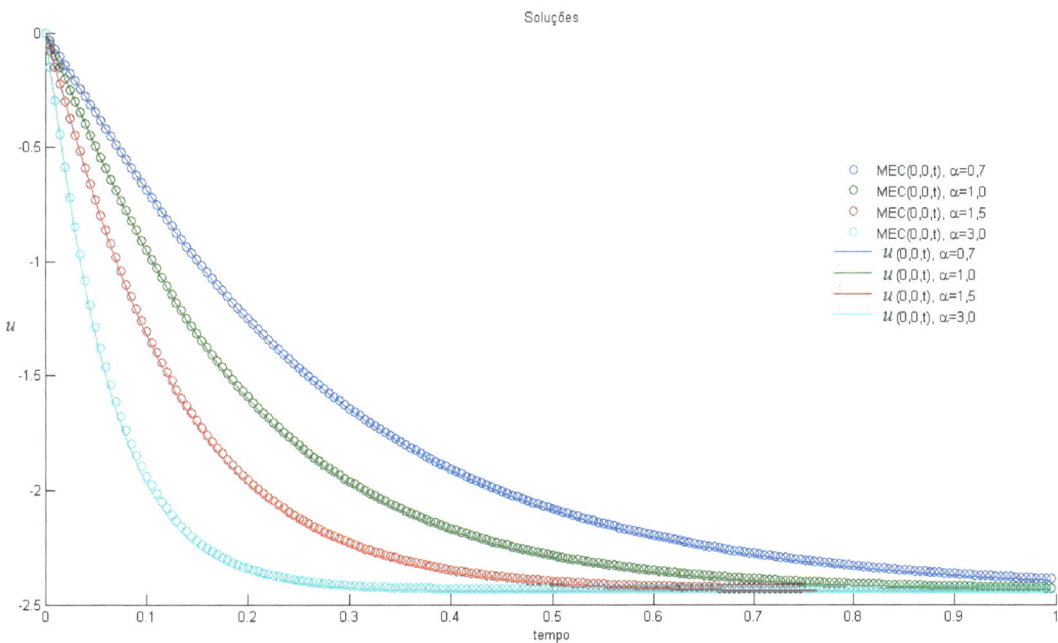

Figura 60 – Comparação entre a solução analítica e o MEC no ponto central do disco.

Os resultados obtidos para ambos os casos demonstram a versatilidade da formulação, dada a simplicidade de inclusão de tais termos observada na montagem do sistema linear de equações.

CAPÍTULO 5

5 MÉTODO DOS ELEMENTOS DE CONTORNO PARA PROBLEMAS TRANSIENTES EM MEIOS CONTÍNUOS NÃO HOMOGÊNEOS

Nesse capítulo a formulação do MEC desenvolvida é ampliada para a análise de meios contínuos não homogêneos. Para tanto, o conceito de subregiões setorialmente homogêneas é introduzido para simular um problema de difusão com geração interna de calor (equação (162)), cujo domínio é composto por um anel e um disco concêntricos. As condições de compatibilidade, mesmo potencial e fluxo oposto na região de contato, são testadas confrontando os resultados numéricos aos analíticos em um caso onde ambas as subregiões apresentam a mesma difusividade térmica, validando a formulação. Após esse passo, a formulação do MEC é utilizada para análise de problemas nos quais são adotadas difusividades térmicas distintas para o anel e disco, concentrando a geração de calor em apenas uma determinada subregião.

5.1 MODELO GEOMÉTRICO E DISCRETIZAÇÃO DO PROBLEMA

O modelo geométrico adotado na análise é um anel plano de raio R (mm) unitário cuja difusividade é dada por α_1 contendo em seu interior um disco de raio $R/2$ e difusividade α_2 (Figura 61).

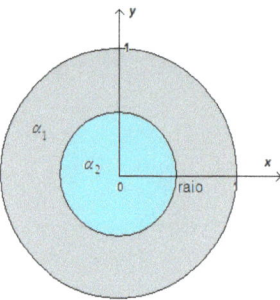

Figura 61 – Ilustração do modelo geométrico de sub-regiões.

A partir do modelo geométrico e baseando-se na equação integral (164) chega-se a um sistema de equações algébricas pela discretização do contorno em elementos lineares e do domínio em células constantes.

5.1.1 Discretização do problema

Para a discretização do domínio e contorno do problema foram adotadas as mesmas técnicas apresentadas nos capítulos anteriores. A Figura 62 ilustra o domínio Ω dividido em duas subregiões Ω_1 e Ω_2.

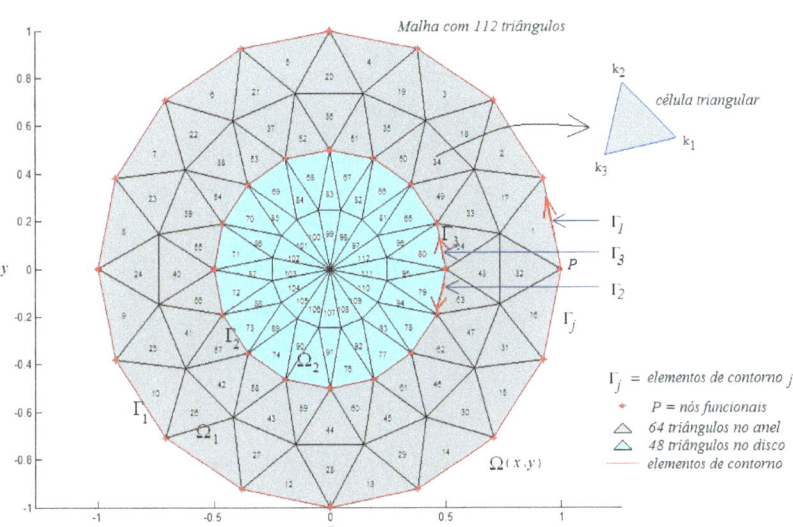

Figura 62 – Discretização do contorno e do domínio.

Na Figura 62 são ilustrados os elementos de contorno em Γ_1 e Γ_2, com a geometria de Γ_2 coincidindo com Γ_3, porém, com o sentido contrário representando a zona de contato entre as subregiões Ω_1 e Ω_2, discretizadas com uso de células triangulares de domínio. É importante salientar que na zona de contato u é igual para ambas subregiões (condição de continuidade) e os valores de q são opostos (condição de equilíbrio).

5.2 NOTAÇÃO MATRICIAL E SOLUÇÃO NUMÉRICA PARA O PROBLEMA

A partir da equação (164), dos procedimentos utilizados para discretização do problema e do esquema de montagem das matrizes para o caso de sub-regiões descrito por BREBBIA e DOMINGUEZ (1989), forma-se um sistema de equações da seguinte forma:

$$\begin{bmatrix} \mathbf{H}_{1,1}^{cc} & \mathbf{H}_{1,2}^{cc} & 0 & 0 & 0 \\ \mathbf{H}_{2,1}^{cc} & \mathbf{H}_{2,2}^{cc} & 0 & 0 & 0 \\ \mathbf{H}_{1,1}^{dc} & \mathbf{H}_{1,2}^{dc} & \mathbf{I} & 0 & 0 \\ 0 & 0 & 0 & \mathbf{H}_{3,3}^{cc} & 0 \\ 0 & 0 & 0 & \mathbf{H}_{2,3}^{dc} & \mathbf{I} \end{bmatrix} \begin{bmatrix} \mathbf{u}_1^c \\ \mathbf{u}_2^c \\ \mathbf{u}_1^d \\ \mathbf{u}_3^c \\ \mathbf{u}_2^d \end{bmatrix}_{m+1} = \begin{bmatrix} \mathbf{G}_{1,1}^{cc} & \mathbf{G}_{1,2}^{cc} & 0 \\ \mathbf{G}_{2,1}^{cc} & \mathbf{G}_{2,2}^{cc} & 0 \\ \mathbf{G}_{1,1}^{dc} & \mathbf{G}_{1,2}^{dc} & 0 \\ 0 & 0 & \mathbf{G}_{3,3}^{cc} \\ 0 & 0 & \mathbf{G}_{2,3}^{dc} \end{bmatrix} \begin{bmatrix} \mathbf{q}_1^c \\ \mathbf{q}_2^c \\ \mathbf{q}_3^c \end{bmatrix}_{m+1} - \qquad (172)$$

$$-\frac{1}{\alpha_1 \Delta t} \begin{bmatrix} \mathbf{M}_{1,1}^{cd} \\ \mathbf{M}_{2,1}^{cd} \\ \mathbf{M}_{1,1}^{dd} \\ \mathbf{M}_{3,2}^{cd} \\ \mathbf{M}_{2,2}^{dd} \end{bmatrix} \left\{ [\mathbf{u}_1^d]_{m+1} - [\mathbf{u}_1^d]_m \right\} - \frac{1}{\alpha_2 \Delta t} \begin{bmatrix} \mathbf{M}_{1,1}^{cd} \\ \mathbf{M}_{2,1}^{cd} \\ \mathbf{M}_{1,1}^{dd} \\ \mathbf{M}_{3,2}^{cd} \\ \mathbf{M}_{2,2}^{dd} \end{bmatrix} \left\{ [\mathbf{u}_2^d]_{m+1} - [\mathbf{u}_2^d]_m \right\} + \begin{bmatrix} \mathbf{F}_{1,1}^{cd} \\ \mathbf{F}_{2,2}^{cd} \\ \mathbf{F}_{1,1}^{dd} \\ \mathbf{F}_{3,3}^{cd} \\ \mathbf{F}_{2,2}^{dd} \end{bmatrix}_{m+1}$$

Na formulação apresentada nesse trabalho adotou-se Δt constante, definido a partir da equação (141).

Agrupando os termos semelhantes da equação (172), obtém-se:

$$\begin{bmatrix} \mathbf{H}_{1,1}^{cc} & \mathbf{H}_{1,2}^{cc} & \dfrac{1}{\alpha_1 \Delta t}\mathbf{M}_{1,1}^{cd} & 0 & 0 \\ \mathbf{H}_{2,1}^{cc} & \mathbf{H}_{2,2}^{cc} & \dfrac{1}{\alpha_1 \Delta t}\mathbf{M}_{2,1}^{cd} & 0 & 0 \\ \mathbf{H}_{1,1}^{dc} & \mathbf{H}_{1,2}^{dc} & \mathbf{I}+\dfrac{1}{\alpha_1 \Delta t}\mathbf{M}_{1,1}^{dd} & 0 & 0 \\ 0 & 0 & 0 & \mathbf{H}_{3,3}^{cc} & \dfrac{1}{\alpha_2 \Delta t}\mathbf{M}_{3,2}^{cd} \\ 0 & 0 & 0 & \mathbf{H}_{2,3}^{dc} & \mathbf{I}+\dfrac{1}{\alpha_2 \Delta t}\mathbf{M}_2^{dd} \end{bmatrix} \begin{bmatrix} \mathbf{u}_1^c \\ \mathbf{u}_2^c \\ \mathbf{u}_1^d \\ \mathbf{u}_3^c \\ \mathbf{u}_2^d \end{bmatrix}_{m+1} = \qquad (173)$$

$$\begin{bmatrix} \mathbf{G}_{1,1}^{cc} & \mathbf{G}_{1,2}^{cc} & 0 \\ \mathbf{G}_{2,1}^{cc} & \mathbf{G}_{2,2}^{cc} & 0 \\ \mathbf{G}_{1,1}^{dc} & \mathbf{G}_{1,2}^{dc} & 0 \\ 0 & 0 & \mathbf{G}_{3,3}^{cc} \\ 0 & 0 & \mathbf{G}_{2,3}^{dc} \end{bmatrix} \begin{bmatrix} \mathbf{q}_1^c \\ \mathbf{q}_2^c \\ \mathbf{q}_3^c \end{bmatrix}_{m+1} + \frac{1}{\alpha_1 \Delta t} \begin{bmatrix} \mathbf{M}_{1,1}^{cd} \\ \mathbf{M}_{2,1}^{cd} \\ \mathbf{M}_{1,1}^{dd} \\ \mathbf{M}_{3,2}^{cd} \\ \mathbf{M}_{2,2}^{dd} \end{bmatrix} [\mathbf{u}_1^d]_m + \frac{1}{\alpha_2 \Delta t} \begin{bmatrix} \mathbf{M}_{1,1}^{cd} \\ \mathbf{M}_{2,1}^{cd} \\ \mathbf{M}_{1,1}^{dd} \\ \mathbf{M}_{3,2}^{cd} \\ \mathbf{M}_{2,2}^{dd} \end{bmatrix} [\mathbf{u}_2^d]_m + \begin{bmatrix} \mathbf{F}_{1,1}^{cd} \\ \mathbf{F}_{2,2}^{cd} \\ \mathbf{F}_{1,1}^{dd} \\ \mathbf{F}_{3,3}^{cd} \\ \mathbf{F}_{2,2}^{dd} \end{bmatrix}_{m+1}$$

Transladando as colunas das matrizes que contém coeficientes relacionados às incógnitas do lado direito para o esquerdo na equação (173), tem-se:

$$\begin{bmatrix} \mathbf{H}_{1,1}^{cc} & \mathbf{H}_{1,2}^{cc} & \dfrac{1}{\alpha_1 \Delta t}\mathbf{M}_{1,1}^{cd} & 0 & 0 & -\mathbf{G}_{1,2}^{cc} & 0 \\ \mathbf{H}_{2,1}^{cc} & \mathbf{H}_{2,2}^{cc} & \dfrac{1}{\alpha_1 \Delta t}\mathbf{M}_{2,1}^{cd} & 0 & 0 & -\mathbf{G}_{2,2}^{cc} & 0 \\ \mathbf{H}_{1,1}^{dc} & \mathbf{H}_{1,2}^{dc} & \mathbf{I}+\dfrac{1}{\alpha_1 \Delta t}\mathbf{M}_{1,1}^{dd} & 0 & 0 & -\mathbf{G}_{1,2}^{dc} & 0 \\ 0 & 0 & 0 & \mathbf{H}_{3,3}^{cc} & \dfrac{1}{\alpha_2 \Delta t}\mathbf{M}_{3,2}^{cd} & 0 & -\mathbf{G}_{3,3}^{cc} \\ 0 & 0 & 0 & \mathbf{H}_{2,3}^{dc} & \mathbf{I}+\dfrac{1}{\alpha_2 \Delta t}\mathbf{M}_{2}^{dd} & 0 & -\mathbf{G}_{2,3}^{dc} \end{bmatrix} \begin{bmatrix} \mathbf{u}_1^c \\ \mathbf{u}_2^c \\ \mathbf{u}_1^d \\ \mathbf{u}_3^c \\ \mathbf{u}_2^d \\ \mathbf{q}_2^c \\ \mathbf{q}_3^c \end{bmatrix}_{m+1} = \tag{174}$$

$$\begin{bmatrix} \mathbf{G}_{1,1}^{cc} \\ \mathbf{G}_{2,1}^{cc} \\ \mathbf{G}_{1,1}^{dc} \\ 0 \\ 0 \end{bmatrix} \left[\mathbf{q}_1^c\right]_{m+1} + \dfrac{1}{\alpha_1 \Delta t}\begin{bmatrix} \mathbf{M}_{1,1}^{cd} \\ \mathbf{M}_{2,1}^{cd} \\ \mathbf{M}_{1,1}^{dd} \\ \mathbf{M}_{3,2}^{cd} \\ \mathbf{M}_{2,2}^{dd} \end{bmatrix} \left[\mathbf{u}_1^d\right]_m + \dfrac{1}{\alpha_2 \Delta t}\begin{bmatrix} \mathbf{M}_{1,1}^{cd} \\ \mathbf{M}_{2,1}^{cd} \\ \mathbf{M}_{1,1}^{dd} \\ \mathbf{M}_{3,2}^{cd} \\ \mathbf{M}_{2,2}^{dd} \end{bmatrix} \left[\mathbf{u}_2^d\right]_m + \begin{bmatrix} \mathbf{F}_{1,1}^{cd} \\ \mathbf{F}_{2,2}^{cd} \\ \mathbf{F}_{1,1}^{dd} \\ \mathbf{F}_{3,3}^{cd} \\ \mathbf{F}_{2,2}^{dd} \end{bmatrix}_{m+1}$$

Pelas condições de continuidade e equilíbrio (compatibilidade), tem-se:

$$\begin{aligned} \mathbf{u}_2^c &= \mathbf{u}_3^c \\ \mathbf{q}_2^c &= -\mathbf{q}_3^c \end{aligned} \tag{175}$$

A partir das equações de compatibilidade, pode-se montar um sistema de equações somando-se as colunas de coeficientes relacionados às variáveis equivalentes no vetor de incógnitas:

$$\begin{bmatrix} \mathbf{H}_{1,1}^{cc} & \mathbf{H}_{1,2}^{cc} & \dfrac{1}{\alpha_1 \Delta t}\mathbf{M}_{1,1}^{cd} & \mathbf{G}_{1,2}^{cc} & 0 \\ \mathbf{H}_{2,1}^{cc} & \mathbf{H}_{2,2}^{cc} & \dfrac{1}{\alpha_1 \Delta t}\mathbf{M}_{2,1}^{cd} & \mathbf{G}_{2,2}^{cc} & 0 \\ \mathbf{H}_{1,1}^{dc} & \mathbf{H}_{1,2}^{dc} & \mathbf{I}+\dfrac{1}{\alpha_1 \Delta t}\mathbf{M}_{1,1}^{dd} & \mathbf{G}_{1,2}^{dc} & 0 \\ 0 & \mathbf{H}_{3,3}^{cc} & 0 & -\mathbf{G}_{3,3}^{cc} & \dfrac{1}{\alpha_2 \Delta t}\mathbf{M}_{3,2}^{cd} \\ 0 & \mathbf{H}_{2,3}^{dc} & 0 & -\mathbf{G}_{2,3}^{dc} & \mathbf{I}+\dfrac{1}{\alpha_2 \Delta t}\mathbf{M}_{2}^{dd} \end{bmatrix} \begin{bmatrix} \mathbf{u}_1^c \\ \mathbf{u}_2^c = \mathbf{u}_3^c \\ \mathbf{u}_1^d \\ \mathbf{q}_2^c = -\mathbf{q}_3^c \\ \mathbf{u}_2^d \end{bmatrix}_{m+1} = \quad (176)$$

$$\begin{bmatrix} \mathbf{G}_{1,1}^{cc} \\ \mathbf{G}_{2,1}^{cc} \\ \mathbf{G}_{1,1}^{dc} \\ 0 \\ 0 \end{bmatrix} \left[\mathbf{q}_1^c\right]_{m+1} + \dfrac{1}{\alpha_1 \Delta t}\begin{bmatrix} \mathbf{M}_{1,1}^{cd} \\ \mathbf{M}_{2,1}^{cd} \\ \mathbf{M}_{1,1}^{dd} \\ \mathbf{M}_{3,2}^{cd} \\ \mathbf{M}_{2,2}^{dd} \end{bmatrix}\left[\mathbf{u}_1^d\right]_m + \dfrac{1}{\alpha_2 \Delta t}\begin{bmatrix} \mathbf{M}_{1,1}^{cd} \\ \mathbf{M}_{2,1}^{cd} \\ \mathbf{M}_{1,1}^{dd} \\ \mathbf{M}_{3,2}^{cd} \\ \mathbf{M}_{2,2}^{dd} \end{bmatrix}\left[\mathbf{u}_2^d\right]_m + \begin{bmatrix} \mathbf{F}_{1,1}^{cd} \\ \mathbf{F}_{2,2}^{cd} \\ \mathbf{F}_{1,1}^{dd} \\ \mathbf{F}_{3,3}^{cd} \\ \mathbf{F}_{2,2}^{dd} \end{bmatrix}_{m+1}$$

As condições de contorno e iniciais para essa análise são:

$$u(X,t) = 0\ ^\circ C \qquad\qquad X \in \Gamma_1 \qquad (177)$$

que corresponde a uma temperatura constante ao logo de todo o contorno em todo o período de análise e

$$u_0(X,t_0) = 0\ ^\circ C \qquad\qquad X \in \Omega \qquad (178)$$

que corresponde a uma temperatura constante e nula no domínio do problema no instante inicial. O termo de geração de calor é definido de acordo com Wall (2009) dado pela equação (169) representando geração constante de calor ao longo do tempo em todo o domínio Ω.

Com o intuito de verificar o desempenho da formulação do MEC foram comparados os resultados numéricos aos analíticos para o caso em que $\alpha_1 = \alpha_2$, que em coordenadas polares é dado pela equação (170) (WALL, 2009).

5.3 RESULTADOS E VALIDAÇÃO DO MODELO

Procedendo da forma indicada no item anterior, têm-se os seguintes resultados:

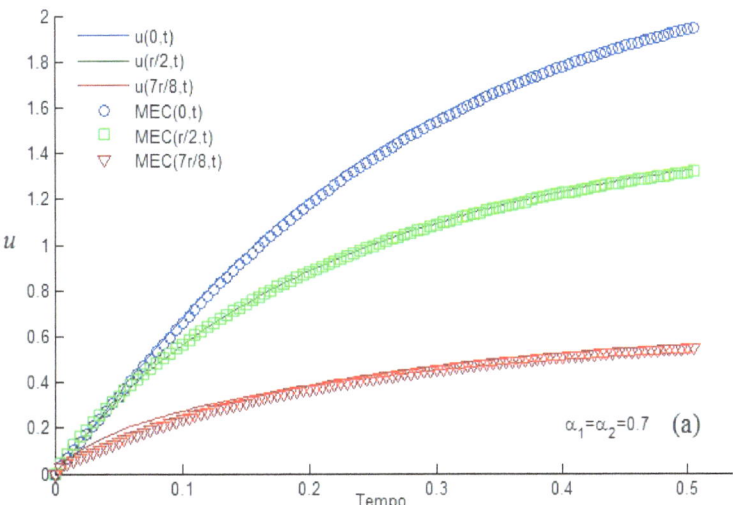

Figura 63 – Comparação entre a solução analítica e o MEC em pontos do domínio com $\alpha_1 = \alpha_2 = 0{,}7$ mm²/s.

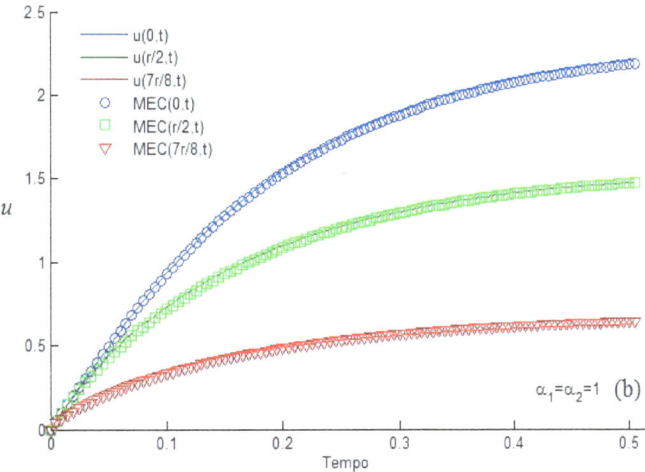

Figura 64 – Comparação entre a solução analítica e o MEC em pontos do domínio com $\alpha_1 = \alpha_2 = 1$ mm²/s.

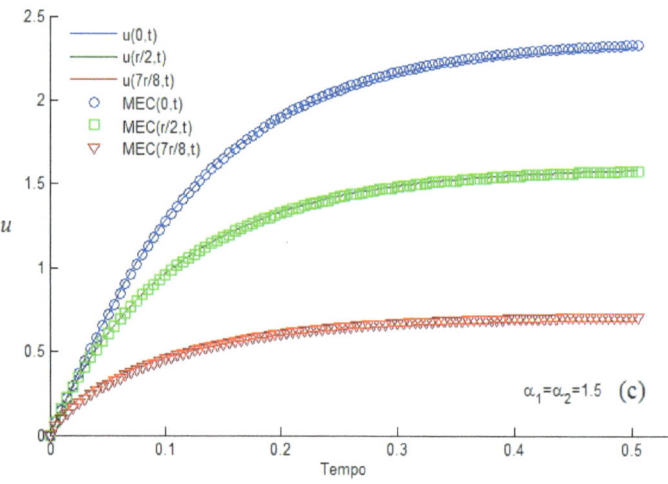

Figura 65 – Comparação entre a solução analítica e o MEC em pontos do domínio com $\alpha_1 = \alpha_2 = 1{,}5$ mm²/s.

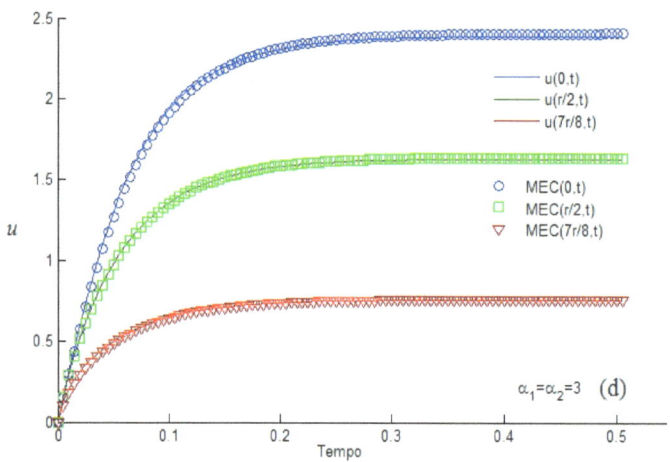

Figura 66 – Comparação entre a solução analítica e o MEC em pontos do domínio com $\alpha_1 = \alpha_2 = 3$ mm²/s.

A partir da Figura 63, Figura 64, Figura 65 e Figura 66, observa-se a influência do coeficiente de difusividade térmica (α) na resposta de temperatura de cada caso testado, sendo verificada maior taxa de elevação da temperatura ao se utilizar valores crescentes para α (0,7, 1, 1,5 e 3 mm²/s, respectivamente). Ainda nas quatro Figuras apresentadas anteriormente, verifica-se que a solução do MEC aproxima-se da solução analítica. Sendo obtido, em média, o valor 0,9993 para o coeficiente R^2 para os quatro casos testados, o que comprova a eficiência do MEC e valida a formulação desenvolvida.

5.4 ANÁLISE DA DIFUSÃO DO CALOR EM MEIOS CONTÍNUOS NÃO HOMOGÊNEOS

Após a validação do modelo numérico e computacional, testes de difusão do calor em meios não homogêneos foram realizados para diferentes valores de difusividade térmica de cada meio (combinações de α_1 e α_2 para o anel e disco): $\alpha_1 = 0{,}7$ mm²/s e $\alpha_2 = 3$ mm²/s, $\alpha_1 = 1{,}5$ mm²/s e $\alpha_2 = 3$ mm²/s, $\alpha_1 = \alpha_2 = 3$ mm²/s e $\alpha_1 = 4{,}5$ mm²/s e $\alpha_2 = 3$ mm²/s.

As seguintes condições de contorno e iniciais foram adotadas:

$$u(X,t) = 0\,°C \qquad X \in \Gamma_1 \qquad (179)$$

que corresponde a uma temperatura constante ao logo de todo o contorno Γ_1 em todo o período de análise e

$$u_0(X,t_0) = 0\,°C \qquad X \in \Omega \qquad (180)$$

que corresponde a uma temperatura constante e nula no domínio do problema apenas no instante inicial.

Nessas simulações o termo de geração de calor foi definido apenas no domínio Ω_2, e de forma similar ao caso anterior adotou-se geração constante de calor em todo o período de análise sob a seguinte forma (fonte constante):

$$\frac{F(X,t)}{k} = 10\,°C\,mm^{-2} \qquad X \in \Omega_2,\ 0 < t < \infty \qquad (181)$$

5.4.1 Resultados do MEC para a análise com subregiões

Os resultados obtidos são ilustrados a seguir:

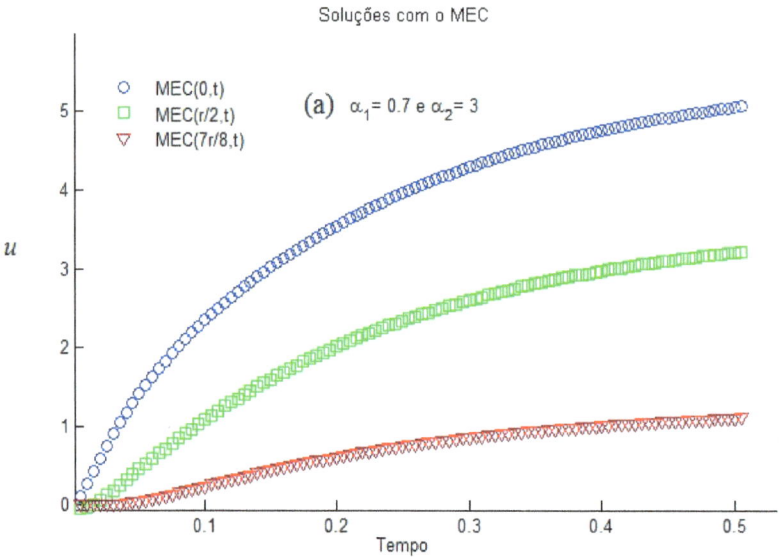

Figura 67 – Resultados com o MEC para de $\alpha_1 = 0,7$ mm²/s e $\alpha_2 = 3$ mm²/s.

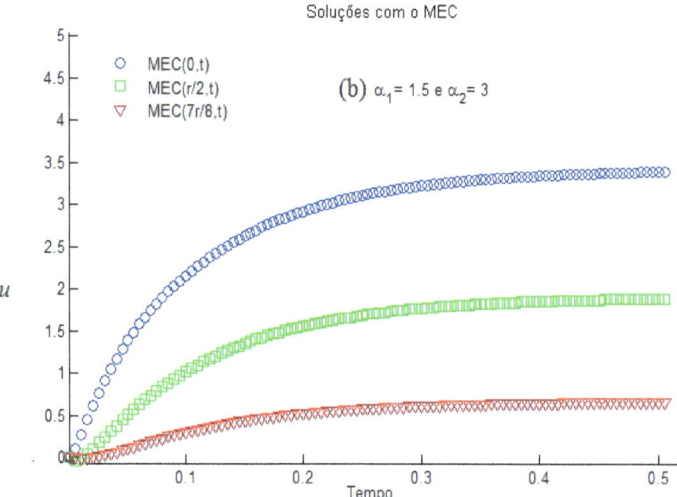

Figura 68 – Resultados com o MEC para de $\alpha_1 = 1,5$ mm²/s e $\alpha_2 = 3$ mm²/s.

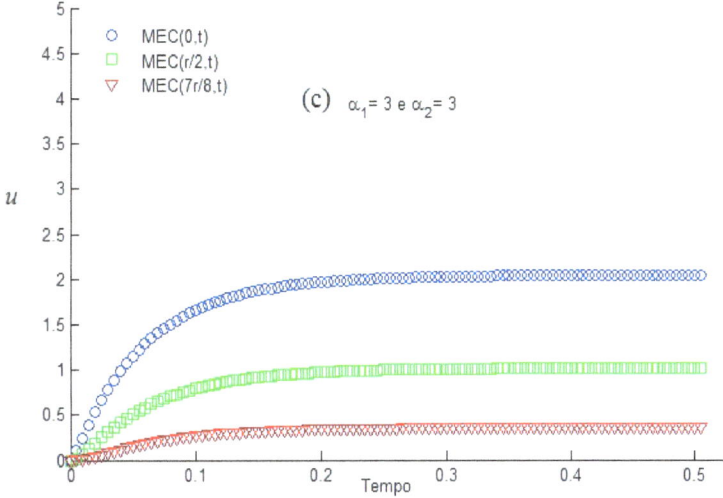

Figura 69 – **Resultados com o MEC** para de $\alpha_1 = 3$ mm²/s e $\alpha_2 = 3$ mm²/s.

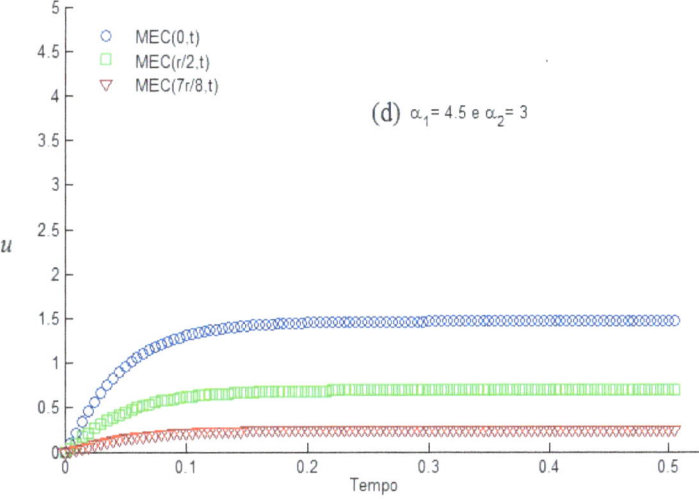

Figura 70 – **Resultados com o MEC** para de $\alpha_1 = 4,5$ mm²/s e $\alpha_2 = 3$ mm²/s.

A partir da Figura 67, Figura 68, Figura 69 e Figura 70, é possível verificar a influência do material que compõe Ω_1 na difusão do calor gerado em Ω_2, sendo observada maior concentração do calor nos casos em que foram adotados $\alpha_1 = 0,7$ mm²/s e $\alpha_2 = 3$ mm²/s (a) e $\alpha_1 = 1,5$ mm²/s e $\alpha_2 = 3$ mm²/s (b). Temperaturas menores foram registradas para os casos em que foram adotados $\alpha_1 = \alpha_2 = 3$ mm²/s (c) e $\alpha_1 = 4,5$ mm²/s e $\alpha_2 = 3$ mm²/s (d), respectivamente.

A razão da desigual elevação de temperatura está relacionada à facilidade ou dificuldade que o calor encontra ao se deslocar de Ω_2 para Ω_1, encontrando menor resistência nos casos em que $\alpha_1 \geq \alpha_2$, atingindo menores temperaturas como ilustrado na Figura 71.

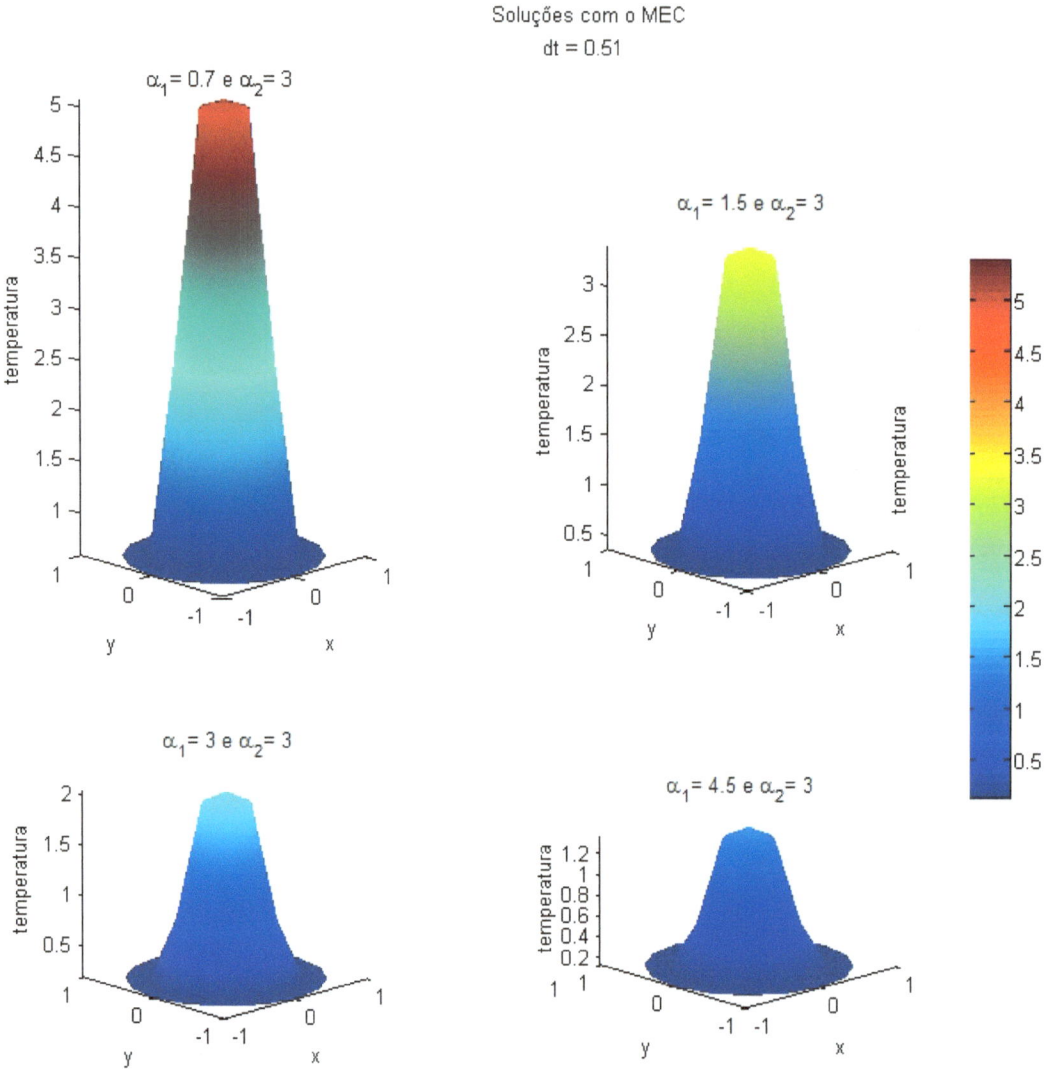

Figura 71 – Convergência dos resultados com o MEC para combinações de α_1 e α_2.

Na Figura 71 observa-se nos dois primeiros casos ($\alpha_1 \leq \alpha_2$) que o meio Ω_1 age como uma barreira isolante, concentrando o calor em Ω_2 (onde ocorre a geração de calor). Já nos dois casos seguintes ($\alpha_1 \geq \alpha_2$) o resultado é oposto, isto é, Ω_1 retira calor de Ω_2 com maior facilidade por apresentar difusividade térmica igual ou superior, difundindo o calor de Ω_2 para o meio Ω_1, cuja fronteira externa se encontra a uma temperatura nula.

CAPÍTULO 6

6 DIFUSÃO-ADVECÇÃO DO CALOR EM MEIOS CONTÍNUOS

Neste capítulo apresenta-se o desenvolvimento e implementação da formulação do MEC para a análise do problema transiente de difusão-advecção com o uso de uma solução fundamental independente do tempo. A formulação toma por base os desenvolvimentos dos capítulos anteriores onde foram analisados os casos de difusão do calor e difusão sob geração interna de calor.

A validação da formulação foi realizada comparando os resultados numéricos a duas soluções analíticas conhecidas. Após a validação da formulação, optou-se em analisar a distribuição de temperaturas em um domínio retangular no qual faz-se presente um obstáculo circular sob geração de calor. Os procedimentos já validados para os casos de geração de calor, sub-regiões e difusão-advecção foram empregados.

6.1 MODELO MATEMÁTICO PARA O CASO DE DIFUSÃO-ADVECÇÃO

ONISHI, KUROKI e TANAKA (1984) apresentam a equação da difusão-advecção (182), a qual é adotada como modelo matemático nesse estudo.

$$\frac{\partial u(X,t)}{\partial t} = -\nabla \bullet [\mathbf{v}(X)u(X,t)] + \frac{1}{Pe}\nabla^2 u(X,t) \quad (182)$$
$$X \in \Omega, \ X = (x,y)$$

onde: *Pe* é o número de Peclét, definido como:

$$Pe = |\mathbf{v}|\frac{B}{\alpha} \quad (183)$$

v é o vetor velocidade (mm/s) de convecção, B é o comprimento característico (mm) e α é o coeficiente de difusividade.

De acordo com SINGH e TANAKA (2000), a equação (182) também pode ser utilizada em muitas outras situações físicas que envolvem o transporte de energia e/ou produtos químicos.

Utilizando o Método dos Elementos de Contorno baseado em técnicas de resíduos ponderados, a formulação para a equação da difusão-advecção é similar à formulação para a equação da difusão, exceto pela inclusão de uma integral de domínio cujo integrando é composto por um termo cinético, $\nabla \bullet [\mathbf{v}(X)u(X,t)]$, ponderado pela solução fundamental. Assim, a equação básica do MEC para a equação da difusão-advecção é:

$$C(\xi)u(\xi,t) = \int_\Gamma u^*(\xi,X)q(X,t)\,d\Gamma - \int_\Gamma q^*(\xi,X)u(X,t)\,d\Gamma +$$
$$- Pe\int_\Omega \frac{\partial u(X,t)}{\partial t} u^*(\xi,X)\,d\Omega - Pe\int_\Omega \nabla \bullet [\mathbf{v}(X)u(X,t)]\, u^*(\xi,X)\,d\Omega \qquad (184)$$
$$X \in \Omega,\ X=(x,y)$$

O termo $\nabla \bullet [\mathbf{v}(X)u(X,t)]$ pode ser escrito como:

$$\nabla \bullet [\mathbf{v}(X)u(X,t)] = \mathbf{v}(X)\bullet \nabla u(X,t) + u(X,t)\nabla \bullet \mathbf{v}(X) \qquad (185)$$

O primeiro termo do lado direito da equação (185), representa o gradiente térmico, devido ao transporte da massa fluida com velocidade **v** e o segundo termo representa a temperatura estabelecida pelo gradiente de velocidade (variação da velocidade com a posição). Assim, a integral contendo $\nabla \bullet [\mathbf{v}(X)u(X,t)]$ assume a seguinte forma:

$$\int_\Omega \nabla \bullet [\mathbf{v}(X)u(X,t)]u^*(\xi,X)\,d\Omega = \int_\Omega \mathbf{v}(X)\bullet \nabla u(X,t)\, u^*(\xi,X)\,d\Omega +$$
$$\int_\Omega u(X,t)\nabla \bullet \mathbf{v}(X) u^*(\xi,X)\,d\Omega \qquad (186)$$

onde

$$\int_\Omega \mathbf{v}(X)\bullet \nabla u(X,t)\, u^*(\xi,X)\,d\Omega =$$
$$= \int_\Omega v_x(X)\frac{\partial u(X,t)}{\partial x} u^*(\xi,X)\,d\Omega + \int_\Omega v_y(X)\frac{\partial u(X,t)}{\partial y} u^*(\xi,X)\,d\Omega \qquad (187)$$

$$\int_\Omega u(X,t)\nabla \bullet \mathbf{v}(X)u^*(\xi,X)d\Omega =$$
$$= \int_\Omega u(X,t)\frac{\partial v_x(X)}{\partial x}u^*(\xi,X)d\Omega + \int_\Omega u(X,t)\frac{\partial v_y(X)}{\partial y}u^*(\xi,X)d\Omega \qquad (188)$$

6.2 MODELO GEOMÉTRICO PARA O CASO DE DIFUSÃO-ADVECÇÃO

Quanto ao modelo geométrico, foi analisado o caso de difusão de calor a partir de um domínio retangular (A x B, mm) como ilustra a Figura 72, sujeito a um escoamento laminar com o seguinte campo analítico de velocidades:

$$v_x = cte \qquad (189)$$
$$v_y = 0$$

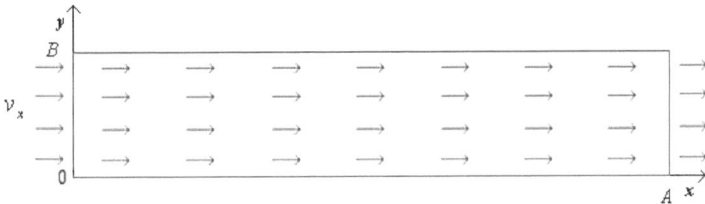

Figura 72 – Modelo geométrico do problema de difusão-advecção do calor.

Na Figura 72 tem-se a representação do campo de velocidade cujo valor é constante e não nulo na direção do eixo x em todo o domínio.

Sabendo-se que o campo de velocidades é constante na direção x, ou seja, $v_y = 0$ e $\dfrac{\partial v_y(X)}{\partial y} = 0$, as integrais em (187) e (188) tornam-se:

$$\int_\Omega \mathbf{v}(X)\bullet \nabla u(X,t)\, u^*(\xi,X)d\Omega = \int_\Omega v_x(X)\frac{\partial u(X,t)}{\partial x}u^*(\xi,X)d\Omega \qquad (190)$$

e

$$\int_\Omega u(X,t)\nabla \bullet \mathbf{v}(X)\, u^*(\xi,X)d\Omega = 0 \qquad (191)$$

Integrando-se uma vez por partes o termo do lado direito da igualdade em (190), obtém-se:

$$\int_\Omega v_x(X) \frac{\partial u(X,t)}{\partial x} u^*(\xi,X) d\Omega = \qquad (192)$$

$$v_x \int_\Gamma u(X,t) \frac{1}{2\pi} \ln\left(\frac{1}{r}\right) n_x d\Gamma + v_x \int_\Omega u(X,t) \frac{1}{2\pi r \cos(\theta)} d\Omega$$

Na equação (192), θ representa o ângulo entre o vetor $\boldsymbol{r}$ e o versor $\hat{x}$. A integral de contorno (em Γ), resultante da integração por partes, é calculada com o uso de elementos lineares, sendo adotados os mesmos procedimentos já apresentados na equação (111), isto é:

$$v_x \int_\Gamma u(X,t) \frac{1}{2\pi} \ln\left(\frac{1}{r}\right) n_x d\Gamma = v_x \int_\Gamma \frac{1}{2\pi} \ln\left(\frac{1}{r}\right) n_x \begin{bmatrix} \phi_1 & \phi_2 \end{bmatrix} d\Gamma \begin{Bmatrix} u^1 \\ u^2 \end{Bmatrix} \qquad (193)$$

O resultado da integral em (193) produz coeficientes adicionais para a matriz $\mathbf{H}^{cc}$ em razão da incógnita potencial presente na formulação.

6.2.1 Discretização do problema

A Figura 73 ilustra a discretização do problema em 48 elementos de contorno e 160 células triangulares de domínio.

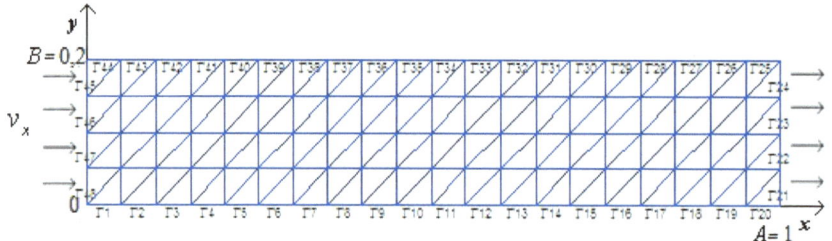

Figura 73 – Discretização do contorno e do domínio.

6.2.2 Notação matricial e solução numérica para o problema

A partir da equação (184), forma-se um sistema de equações que, em notação matricial, é escrito da seguinte forma:

$$\begin{bmatrix} \mathbf{H}^{cc} & \mathbf{0} \\ \mathbf{H}^{dc} & \mathbf{I} \end{bmatrix} \begin{bmatrix} \mathbf{u}^{c} \\ \mathbf{u}^{d} \end{bmatrix}_{m+1} = \begin{bmatrix} \mathbf{G}^{cc} \\ \mathbf{G}^{dc} \end{bmatrix} \begin{bmatrix} \mathbf{q}^{c} \end{bmatrix}_{m+1} + $$
$$-\frac{1}{\alpha} \begin{bmatrix} \mathbf{M}^{cd} \\ \mathbf{M}^{dd} \end{bmatrix} \frac{1}{\Delta t} \left\{ \begin{bmatrix} \mathbf{u}^{d} \end{bmatrix}_{m+1} - \begin{bmatrix} \mathbf{u}^{d} \end{bmatrix}_{m} \right\} - \begin{bmatrix} \mathbf{V}^{cc} \\ \mathbf{V}^{dc} \end{bmatrix} \begin{bmatrix} \mathbf{u}^{c} \end{bmatrix}_{m+1} - \begin{bmatrix} \mathbf{V}^{cd} \\ \mathbf{V}^{dd} \end{bmatrix} \begin{bmatrix} \mathbf{u}^{d} \end{bmatrix}_{m+1} \qquad (194)$$

Na equação (194) as matrizes $\mathbf{V}$ resultam das integrais de contorno e de domínio nas quais o termo de velocidade se faz presente.

Agrupando-se os termos semelhantes da equação (194), obtém-se:

$$\begin{bmatrix} \mathbf{H}^{cc} + \mathbf{V}^{cc} & \dfrac{1}{\alpha \Delta t} \mathbf{M}^{cd} + \mathbf{V}^{cd} \\ \mathbf{H}^{dc} + \mathbf{V}^{dc} & \mathbf{I} + \dfrac{1}{\alpha \Delta t} \mathbf{M}^{dd} + \mathbf{V}^{dd} \end{bmatrix} \begin{bmatrix} \mathbf{u}^{c} \\ \mathbf{u}^{d} \end{bmatrix}_{m+1} = $$
$$= \begin{bmatrix} \mathbf{G}^{cc} \\ \mathbf{G}^{dc} \end{bmatrix} \begin{bmatrix} \mathbf{q}^{c} \end{bmatrix}_{m+1} + \frac{1}{\alpha \Delta t} \begin{bmatrix} \mathbf{M}^{cd} \\ \mathbf{M}^{dd} \end{bmatrix} \begin{bmatrix} \mathbf{u}^{d} \end{bmatrix}_{m} \qquad (195)$$

6.3 RESULTADOS E VALIDAÇÃO DO MODELO

6.3.1 Teste 01

No primeiro teste, as soluções numéricas foram obtidas a partir das seguintes condições de contorno:

$$u(0,y,t) = \frac{1}{\sqrt{4t+1}} \exp\left[-\frac{(-1-v_x t)^2}{\alpha(4t+1)}\right] °C$$

$$u(A,y,t) = \frac{1}{\sqrt{4t+1}} \exp\left[-\frac{(-v_x t)^2}{\alpha(4t+1)}\right] °C \tag{196}$$

$$q(x,0,t) = 0 \; W/mm^2$$

$$q(x,B,t) = 0 \; W/mm^2$$

representando temperaturas u variáveis e decrescentes ao longo do tempo nas extremidades esquerda e direita de Ω, contando com fluxo nulo na região inferior e superior da placa. A condição inicial é dada por:

$$u_0(x,y,t_0) = \exp\left(\frac{-x^2}{\alpha}\right) °C \tag{197}$$

que corresponde a uma temperatura variável e não nula ao longo do domínio do problema no instante inicial.

A solução analítica do presente problema é dada por SARI, GÜRARSLAN e ZEYTINOĞLU (2010):

$$u(x,y,t) = \frac{1}{\sqrt{4t+1}} \exp\left(-\frac{(x-1-v_x t)^2}{\alpha(4t+1)}\right) \tag{198}$$

6.3.1.1 Resultados

Adotando $v_x = 0{,}001$ mm/s e Pe calculado a partir da equação (183), têm-se os seguintes resultados para diferentes valores de α (mm²/s):

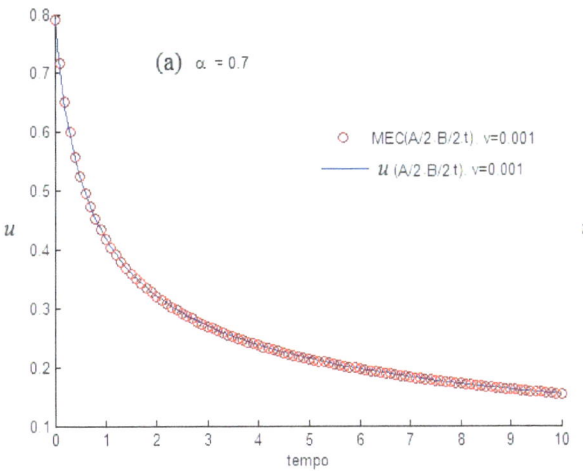

Figura 74 – Comparação entre a solução analítica e o MEC no ponto central da placa para $\alpha = 0{,}7$ mm²/s.

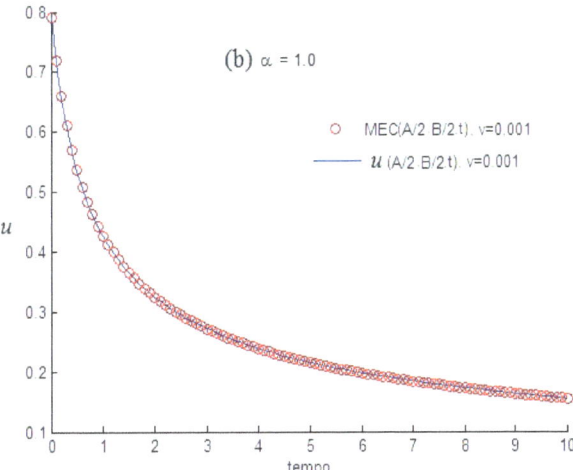

Figura 75 – Comparação entre a solução analítica e o MEC no ponto central da placa para $\alpha = 1$ mm²/s.

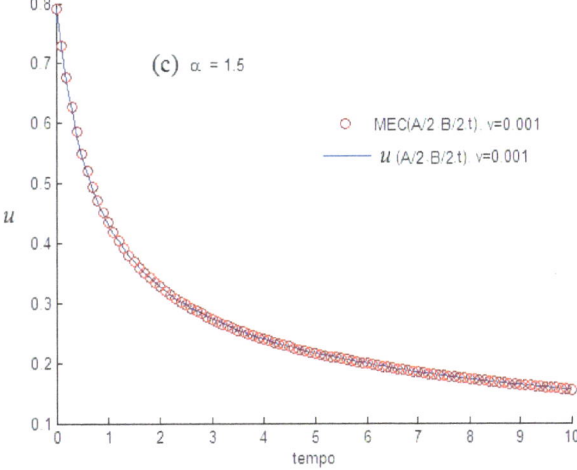

Figura 76 – Comparação entre a solução analítica e o MEC no ponto central da placa para $\alpha = 1{,}5$ mm²/s.

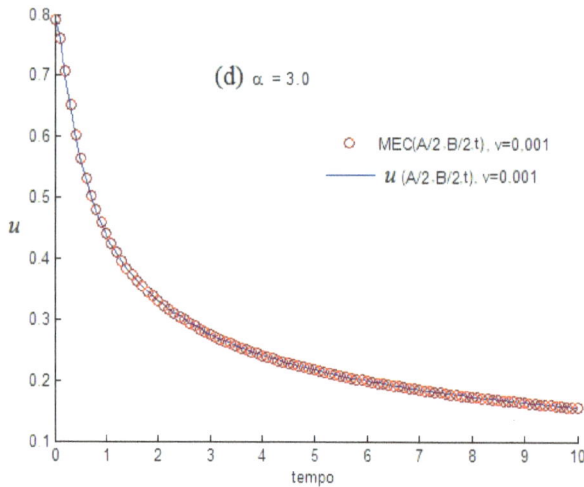

Figura 77 – Comparação entre a solução analítica e o MEC no ponto central da placa para $\alpha = 3$ mm²/s.

Para as simulações realizadas, obteve-se R^2 igual a 0,99975, 0,99993, 0,99986 e 0,99979 para os casos em que α teve como valor 0,7, 1,0, 1,5 e 3,0 mm²/s, respectivamente, indicando alto nível de correlação entre as variáveis. Observa-se nas Figuras 74, 75, 76 e 77, semelhança entre uma análise e outra. Esse resultado decorre do uso de valores relativamente próximos para os coeficientes de difusividade testados em tais análises numéricas. Foram testados os casos nos quais os valores 10 mm²/s e 100 mm²/s foram adotados para o coeficiente de difusividade térmica, obtendo-se R^2 igual a 0,99495 e 0,99969 para cada um dos testes, respectivamente.

Em nova análise, mantendo a difusividade unitária e variando os valores de velocidade, obteve-se R^2 igual a 0,99856, 0,99993 (citado anteriormente), 0,99968 e 0,99856 para os casos em que a velocidade v_x assumiu os valores 0,0, 0,001, 0,005 e 0,01 mm/s, respectivamente, validando a formulação matemática desenvolvida.

Realizando uma análise comparativa entre as soluções do MEC para as diferentes velocidades empregadas anteriormente, observam-se ínfimas variações nas distribuições de temperatura a partir da Figura 29 (a). Esse fato decorre dos pequenos valores de velocidade. Ainda na continuação da Figura 29, em (b), (c) e (d) são ilustradas ampliações de intervalos de tempo específicos da presente análise numérica, sendo possível observar com melhor distinção o efeito da velocidade no transporte de energia em cada caso testado, onde verificam-se menores temperaturas ao longo do tempo ao adotar-se valores crescentes para a velocidade.

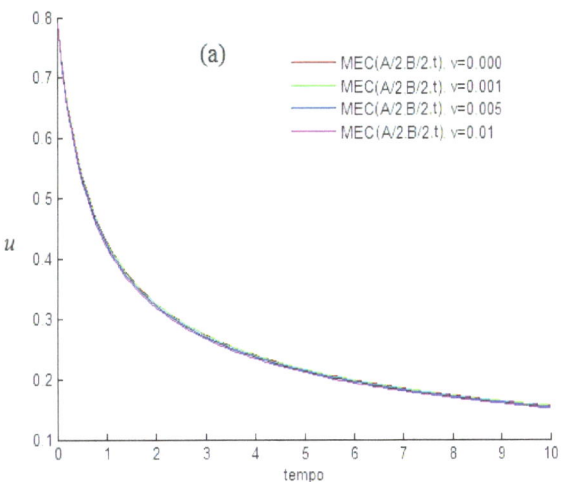

Figura 78 – Soluções do MEC para a distribuição de temperatura de um ponto no centro da placa para $\alpha = 1$ mm²/s.

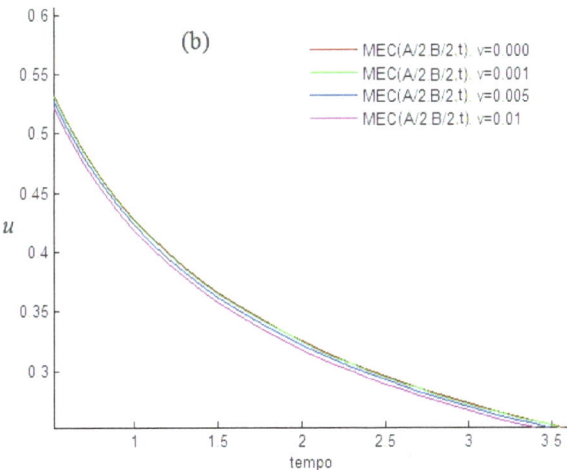

Figura 79 – Ampliação (b) das soluções do MEC para a distribuição de temperatura de um ponto no centro da placa para $\alpha = 1$ mm²/s.

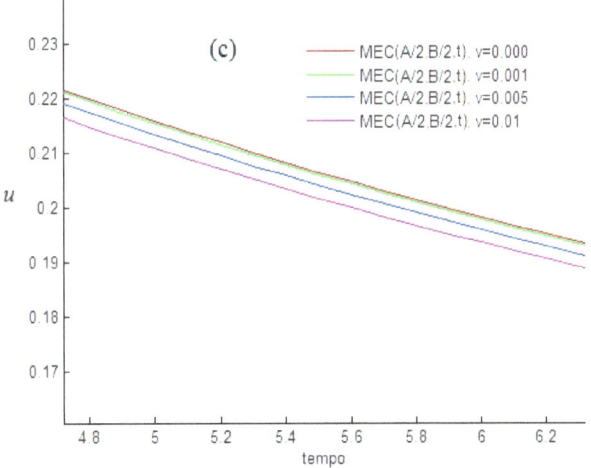

Figura 80 – Ampliação (c) das soluções do MEC para a distribuição de temperatura de um ponto no centro da placa para $\alpha = 1$ mm²/s.

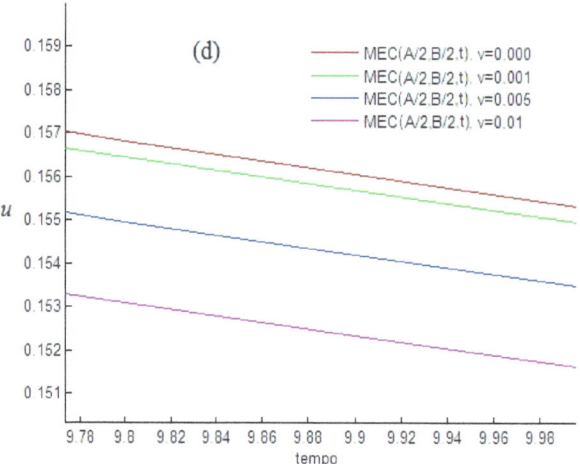

Figura 81 – Ampliação (d) das soluções do MEC para a distribuição de temperatura de um ponto no centro da placa para $\alpha = 1$ mm²/s.

Como nessa análise a difusividade foi mantida constante, conclui-se que os resultados são influenciados pelo processo advectivo, tendo como base o caso exclusivo de difusão do calor onde a velocidade é nula (linha em vermelho).

6.3.2 Teste 02

No segundo teste foram obtidas a partir das seguintes condições de contorno:

$$\begin{aligned} u(0,y,t) &= 1\,°C \\ u(A,y,t) &= 0\,°C \\ q(x,0,t) &= 0\,W/mm^2 \\ q(x,B,t) &= 0\,W/mm^2 \end{aligned} \tag{199}$$

representando temperatura u constante e unitária na aresta lateral esquerda, nula na aresta lateral direita e fluxo q nulo na região inferior e superior do domínio retangular Ω. A condição inicial é dada por:

$$u_0(x,y,t_0) = 0\,°C \tag{200}$$

que corresponde a uma temperatura nula em todo o domínio do problema no instante inicial.

A solução analítica do presente problema é dada por DESILVA *et al.* (1998):

onde:

$$u(x,y,t) = \frac{\exp(Pe\,x) - \exp(Pe)}{1 - \exp(Pe)} - 2\sum_{n=1}^{\infty} \frac{n\pi x}{\lambda_n} \exp\left(\frac{Pe\,x}{2} - \lambda_n t\right) \sin(n\pi x) \quad (201)$$

$$\lambda_n = n^2 \pi^2 + \left(\frac{Pe}{2}\right)^2$$

6.3.2.1 Resultados

Adotando $\alpha = 1$ mm^2/s, Pe calculado a partir da equação (183) e $v_x = 0{,}001$, $0{,}005$ e $0{,}01$ mm/s, têm-se os seguintes resultados:

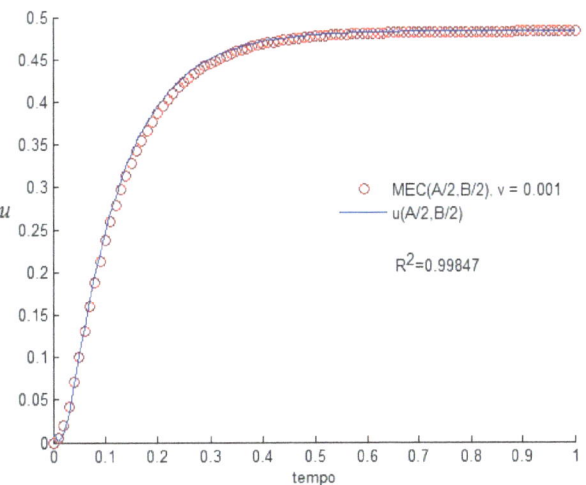

Figura 82 – Comparação entre a solução analítica e MEC $v_x = 0{,}001$ mm/s.

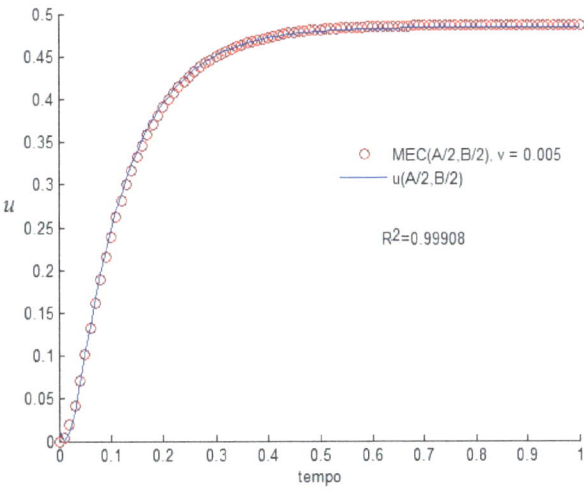

Figura 83 – Comparação entre a solução analítica e MEC $v_x = 0{,}005$ mm/s

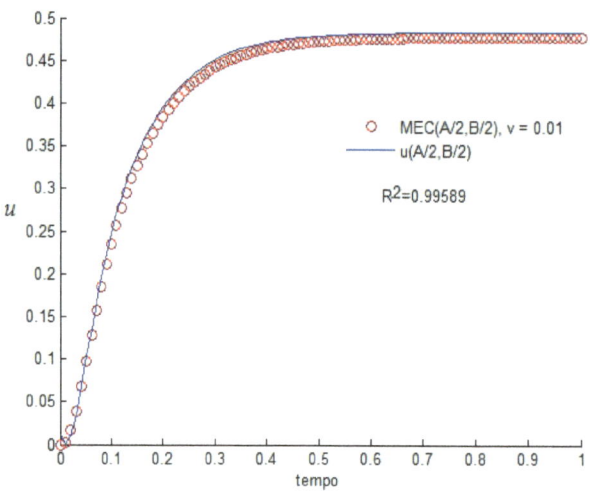

Figura 84 – Comparação entre a solução analítica e MEC v_x = 0,01 mm/s.

Para as simulações realizadas, obteve-se R^2 igual a 0,99847, 0,99908, e 0,99589 para os casos em que v_x foi igual a 0,001, 0,005 e 0,01 mm/s, respectivamente, indicando excelente nível de correlação entre as variáveis. Observa-se nas Figuras 38, 39 e 40, semelhança entre uma análise e outra. Esse resultado decorre do uso de valores relativamente próximos para as velocidades testadas em tais análises numéricas.

Com o intuito de verificar o efeito da velocidade no fenômeno difusivo-advectivo do problema em questão, a seguir são ilustradas as distribuições de temperatura para os casos já estudados em conjunto com a solução puramente difusiva, na qual tem-se velocidade nula (linha em azul da Figura 85).

Na ampliação setorial apresentada na Figura 85 é possível verificar o efeito da velocidade do processo de transporte de energia: velocidades crescentes indicam maiores elevações de temperatura na direção do campo de velocidades, ou seja, maior dissipação da energia térmica introduzida no domínio devido à condição de contorno natural e unitária, $u(0,y,t)=1\,°C$.

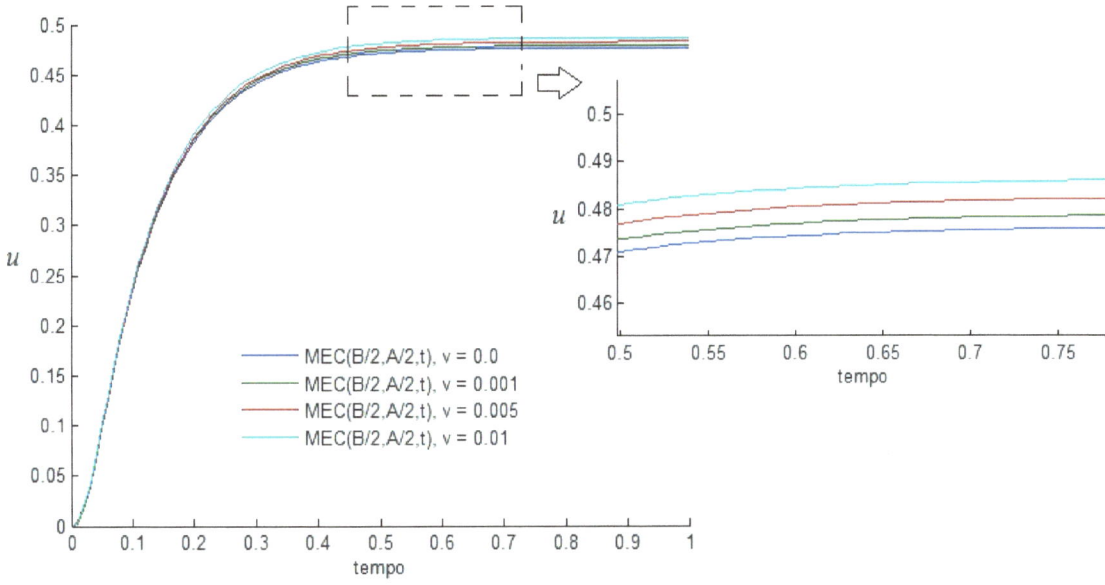

Figura 85 – Comparação da solução MEC para diferentes velocidades e ampliação de um intervalo específico.

Ainda na ampliação da Figura 85, verifica-se que as variações de temperatura entre uma análise e outra demonstram que a taxa de energia térmica dissipada é menor para os casos onde a velocidade advectiva é menor, atingindo temperaturas menores em um mesmo intervalo de tempo.

6.4 MODELO GEOMÉTRICO E MATEMÁTICO PARA O CASO DIFUSÃO-ADVECÇÃO: PLACA COM UM OBSTÁCULO SOB GERAÇÃO DE CALOR

Os resultados obtidos até a seção anterior demonstram o potencial da formulação do MEC desenvolvida nesse trabalho para análise numérica de problemas de difusão-advecção. Baseando-se em tal afirmação, apresenta-se a seguir o estudo numérico de difusão-advecção observado em um escoamento contendo um obstáculo circular sob geração de calor. Tal escoamento é uma aproximação finita de um escoamento cujo domínio é infinito. Para tanto, a formulação do MEC desenvolvida nesse trabalho é ampliada para o problema citado e as soluções obtidas são apresentadas ao final da presente seção.

6.4.1 Escoamento ao redor de um obstáculo circular – campo de velocidades

Nesse estudo numérico optou-se em analisar o caso de difusão de calor a partir de um obstáculo circular (Ω_2), no qual ocorre geração de calor (equação (162)), sujeito a um escoamento laminar irrotacional em um domínio retangular (Ω_1) como ilustra a Figura 86.

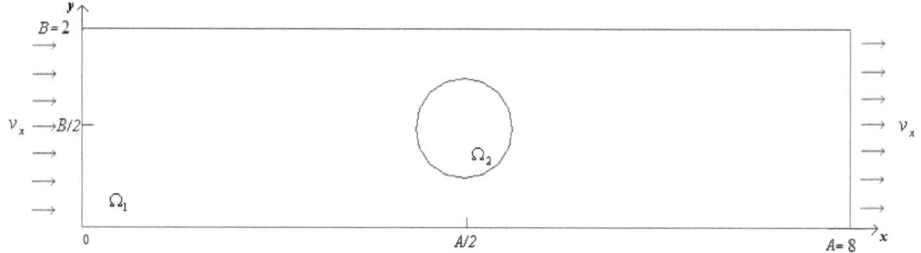

Figura 86 – Modelo geométrico do problema de difusão do calor e difusão-advecção.

Quanto ao escoamento, ROGERS (1992) apresenta a equação da continuidade para o caso laminar citado, dada por:

$$\nabla^2 \Phi(X) = 0 \qquad (202)$$

A equação (202) representa uma função potencial escalar de velocidade e em uma região irrotacional de escoamento, o vetor velocidade $\mathbf{v}(X)$ pode ser expresso como o gradiente de tal função, dado por:

$$\nabla \Phi(X) = \mathbf{v}(X) \qquad (203)$$

A partir do modelo geométrico ilustrado pela Figura 86, das equações (202) e (203) e adotando as condições de contorno dadas pelas equações (204) e (205) (apresentadas a seguir e ilustradas pela Figura 87), tem-se o seguinte campo de velocidades (equação (206)):

Condições de contorno essenciais

$$v_x = \frac{\partial \Phi(X)}{\partial x} = cte \quad ; \quad v_y = \frac{\partial \Phi(X)}{\partial y} = 0 \qquad X \in \Gamma_1 \qquad (204)$$

que representa uma velocidade constante ao longo da direção do eixo x e nula na direção do eixo y no contorno da placa ao longo do tempo.

Condição de contorno natural

$$\Lambda(X) = \frac{\partial \Phi(X)}{\partial n(X)} = 0 \qquad X \in \Gamma_2 \qquad (205)$$

que representa velocidade nula na direção normal ao contorno Γ_2.

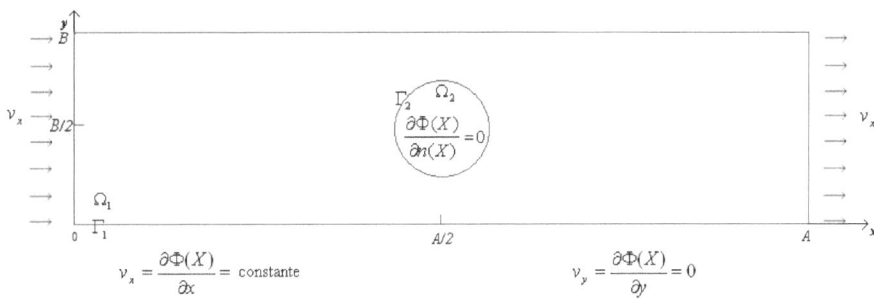

Figura 87 – Domínio do problema de escoamento fluido e condições de contorno.

O campo de velocidades em coordenadas polares com os versores $\hat{\mathbf{i}}$ e $\hat{\mathbf{j}}$ nas direções r e θ é dado por (ÇENCEL e CIMBALA, 2007):

$$\mathbf{v}(X) = \vartheta\hat{\mathbf{i}} + v\hat{\mathbf{j}} \tag{206}$$

As variáveis ϑ e v são dadas por:

$$\vartheta(r,\theta) = v_x\left[1 - \frac{R^2\cos(2\theta)}{r^2}\right] \tag{207}$$

$$v(r,\theta) = -v_x\frac{R^2\sin(2\theta)}{r^2} \tag{208}$$

onde R representa o raio do obstáculo circular (disco Ω_2).

6.4.2 Discretização do modelo geométrico e campo de velocidades

O domínio do problema foi discretizado em elementos de contorno e em células triangulares (Figura 88), no qual, 504 células estão presentes na região Ω_1 e 32 para a região do disco Ω_2.

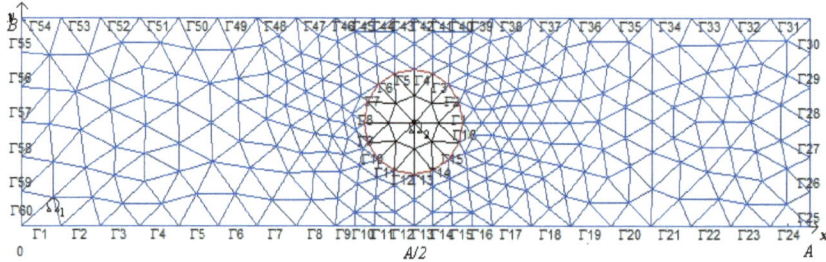

Figura 88 – Discretização do domínio do problema com destaque para a região onde ocorre o escoamento fluido (Ω_1, região em azul).

A Figura 89 ilustra o módulo do campo de velocidades para o escoamento no domínio do problema.

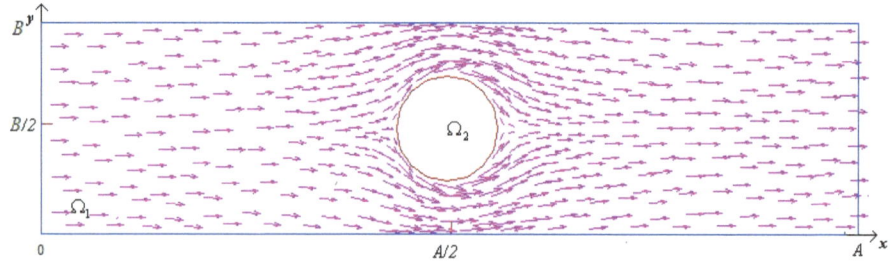

Figura 89 – Campo vetorial de velocidades no domínio do problema de escoamento.

Os vetores adotados na Figura 89 representam a magnitude e a direção do fluido no domínio do problema. É possível observar o desvio do fluido para parte superior e inferior do domínio, devido à presença do disco no escoamento, agindo como um obstáculo e obrigando o fluido a desviar, traçando um caminho com velocidades diferentes ao redor do disco.

Na Figura 90 é apresentado, com o uso de uma escala de cores, o módulo do campo de velocidades em mm/s.

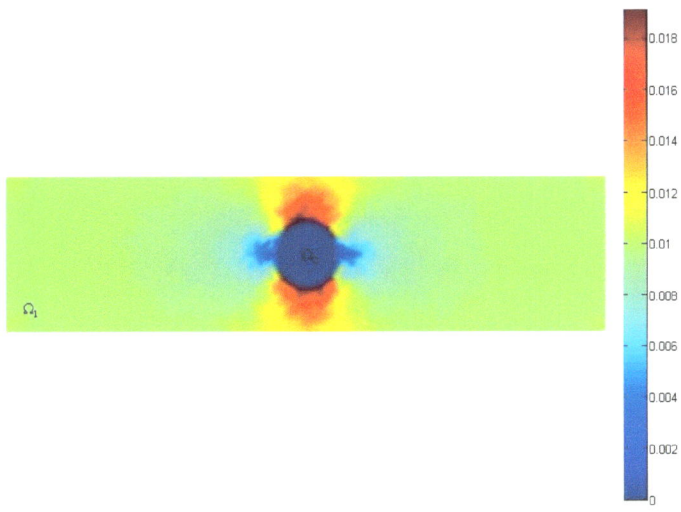

Figura 90 – Módulo do campo de velocidade no domínio do problema de escoamento.

A Figura 90 representa o campo de velocidades do fluido ao passar ao redor do disco (domínio Ω_2). As cores utilizadas representam a magnitude das velocidades, cores quentes, velocidades maiores. Neste caso a cor verde corresponde à velocidade em regiões distantes do disco, ou seja, velocidade de fluxo livre, da esquerda para a direita.

À medida que o fluido se aproxima do disco, observa-se que os valores de velocidade começam a diminuir na região equatorial, mudando para a cor azul. Nessa região está localizado um ponto onde a velocidade do fluido é nula, chamado de ponto de estagnação ($\theta = 0$) à montante do disco.

A velocidade ao longo da superfície do disco está em uma direção tangencial, ou seja, paralelamente à superfície do mesmo. Em razão disso, observa-se na Figura 90 que o fluido que passa pela parte superior ou inferior do disco, região dos pólos, apresenta elevação na magnitude da velocidade (mudança para cor vermelha), atingindo o dobro da velocidade de fluxo livre (valor máximo da equação (206) para $\theta = \pi/2$ ou $\theta = 3\pi/2$).

Na jusante do disco observa-se novamente uma diminuição na velocidade do fluido, atingindo um segundo ponto de estagnação no equador ($\theta = \pi$). A partir desse ponto, o fluido à jusante começa a aumentar sua velocidade, retornando gradualmente ao valor do fluxo livre em decorrência do campo conservativo de velocidades e não variável no tempo.

Após ser definido o campo de velocidades do escoamento, o passo seguinte desse estudo foi a determinação da equação básica do MEC para o caso difusivo-advectivo, a qual é apresentada a seguir.

6.4.3 Equação básica do MEC para o caso difusivo-advectivo

Sendo definido o campo de velocidades, a equação básica do MEC para o domínio Ω_1 é dada por:

$$C(\xi)u(\xi,t) = \int_\Gamma u^*(\xi,X)q(X,t)\,d\Gamma - \int_\Gamma q^*(\xi,X)u(X,t)\,d\Gamma - \quad (209)$$

$$Pe\int_\Omega \frac{\partial u(X,t)}{\partial t} u^*(\xi,X)\,d\Omega - Pe\int_\Omega \nabla\bullet[\mathbf{v}(X)u(X,t)]u^*(\xi,X)\,d\Omega$$

$$X \in \Omega_1, \quad X = (x,y)$$

Assim, a integral contendo $\nabla\bullet[\mathbf{v}(X)u(X,t)]$, na qual $\mathbf{v}(X)\bullet\nabla u(X,t) \neq 0$ e $u(X,t)\nabla\bullet\mathbf{v}(X) \neq 0$, assume a forma da equação (186), a saber (equação(210)):

$$\int_\Omega \nabla\bullet[\mathbf{v}(X)u(X,t)]u^*(\xi,X)\,d\Omega = \int_\Omega \mathbf{v}(X)\bullet\nabla u(X,t)\,u^*(\xi,X)\,d\Omega + \\ \int_\Omega u(X,t)\nabla\bullet\mathbf{v}(X)\,u^*(\xi,X)\,d\Omega \quad (210)$$

Como o campo de velocidade é conhecido e admitindo-se que o comportamento térmico em cada célula é constante, o cálculo da primeira integral do lado direito de (210) toma a seguinte forma:

$$\int_\Omega \mathbf{v}(X)\bullet\nabla u(X,t)\,u^*(\xi,X)\,d\Omega = \sum_{d=1}^{m} \mathbf{v}(X_d)\int_{\Omega_d} \nabla u(X_d,t)\,u^*(\xi,X_d)\,d\Omega_d \quad (211)$$

ou, em termos das componentes de velocidade em x e y:

$$\sum_{d=1}^{m} \mathbf{v}(X_d)\int_{\Omega_d} \nabla u(X_d,t)\,u^*(\xi,X_d)\,d\Omega_d = \\ \sum_{d=1}^{m} v_x(X_d)\int_{\Omega_d} \frac{\partial u(X,t)}{\partial x} u^*(\xi,X_d)\,d\Omega_d + \sum_{d=1}^{m} v_y(X_d)\int_{\Omega_d} \frac{\partial u(X,t)}{\partial y} u^*(\xi,X_d)\,d\Omega_d \quad (212)$$

Integrando uma vez por partes as integrais do lado direito de (212) de acordo com a formulação do MEC, obtém-se:

$$\sum_{d=1}^{m} v_x(X_d) \int_{\Omega_d} \frac{\partial u(X_d,t)}{\partial x} u^*(\xi,X_d) d\Omega_d =$$
$$\sum_{c=1}^{n} v_x(X_c) \int_{\Gamma} u(X_c,t) \eta \frac{1}{2\pi} \ln\left(\frac{1}{r}\right) d\Gamma_c + \sum_{d=1}^{m} v_x(X_d) \int_{\Omega} u(X_d,t) \frac{1}{2\pi r \cos(\theta)} d\Omega_d \quad (213)$$

$$\sum_{d=1}^{m} v_y(X_d) \int_{\Omega_d} \frac{\partial u(X_d,t)}{\partial y} u^*(\xi,X_d) d\Omega_d =$$
$$\sum_{c=1}^{n} v_y(X_c) \int_{\Gamma} u(X_c,t) \eta \frac{1}{2\pi} \ln\left(\frac{1}{r}\right) d\Gamma_c + \sum_{d=1}^{m} v_y(X_d) \int_{\Omega} u(X_d,t) \frac{1}{2\pi r \sin(\theta)} d\Omega_d$$

onde η é a normal, d e c indicam domínio e contorno e m e n, número de células e de elementos de contorno, respectivamente.

Sabendo que o comportamento térmico em cada célula é constante e que no contorno admite-se variação linear, tem-se:

$$\sum_{d=1}^{m} v_x(X_d) \int_{\Omega_d} \frac{\partial u(X_d,t)}{\partial x} u^*(\xi,X_d) d\Omega_d =$$
$$\sum_{c=1}^{n} v_x(X_c) \int_{\Gamma} \eta \frac{1}{2\pi} \ln\left(\frac{1}{r}\right) [\phi_1 \quad \phi_2] d\Gamma_c \begin{Bmatrix} u_1 \\ u_2 \end{Bmatrix} + \sum_{d=1}^{m} v_x(X_d) u(X_d,t) \int_{\Omega} \frac{1}{2\pi r \cos(\theta)} d\Omega_d \quad (214)$$

$$\sum_{d=1}^{m} v_y(X_d) \int_{\Omega_d} \frac{\partial u(X_d,t)}{\partial y} u^*(\xi,X_d) d\Omega_d =$$
$$\sum_{c=1}^{n} v_y(X_c) \int_{\Gamma} \eta \frac{1}{2\pi} \ln\left(\frac{1}{r}\right) [\phi_1 \quad \phi_2] d\Gamma_c \begin{Bmatrix} u_1 \\ u_2 \end{Bmatrix} + \sum_{d=1}^{m} v_y(X_d) u(X_d,t) \int_{\Omega} \frac{1}{2\pi r \sin(\theta)} d\Omega_d$$

Baseando-se no fato de que o comportamento térmico em cada célula é constante, a segunda integral do lado direito de (210) toma a seguinte forma:

$$\int_{\Omega} u(X,t) \nabla \bullet \mathbf{v}(X) u^*(\xi,X) d\Omega = \sum_{d=1}^{m} u(X_d,t) \int_{\Omega_d} \nabla \bullet \mathbf{v}(X_d) u^*(\xi,X_d) d\Omega_d \quad (215)$$

em termos das componentes v_x e v_y da velocidade:

$$(216)$$

$$\sum_{d=1}^{m} u(X_d,t) \int_{\Omega_d} \nabla \bullet \mathbf{v}(X_d) \, u^*(\xi,X_d) \, d\Omega_d =$$

$$\sum_{d=1}^{m} u(X_d,t) \int_{\Omega_d} \frac{\partial v_x(X_d)}{\partial x} u^*(\xi,X_d) \, d\Omega_d + \sum_{d=1}^{m} u(X_d,t) \int_{\Omega_d} \frac{\partial v_y(X_d)}{\partial y} u^*(\xi,X_d) \, d\Omega_d$$

Adotando um procedimento análogo ao dado à equação (212), obtém-se:

$$\sum_{d=1}^{m} u(X_d,t) \int_{\Omega_d} \frac{\partial v_x(X_d)}{\partial x} u^*(\xi,X_d) \, d\Omega_d =$$

$$\sum_{c=1}^{n} u(X_c,t) \int_{\Gamma} v_x(X_c) \eta \frac{1}{2\pi} \ln\left(\frac{1}{r}\right) d\Gamma_c + \sum_{d=1}^{m} u(X_d,t) \int_{\Omega} v_x(X_d) \frac{1}{2\pi r \cos(\theta)} \, d\Omega_d \qquad (217)$$

$$\sum_{d=1}^{m} u(X_d,t) \int_{\Omega_d} \frac{\partial v_y(X_d)}{\partial y} u^*(\xi,X_d) \, d\Omega_d =$$

$$\sum_{c=1}^{n} u(X_c,t) \int_{\Gamma} v_y(X_c) \eta \frac{1}{2\pi} \ln\left(\frac{1}{r}\right) d\Gamma_c + \sum_{d=1}^{m} u(X_d,t) \int_{\Omega} v_y(X_d) \frac{1}{2\pi r \sin(\theta)} \, d\Omega_d$$

Dessa forma e a partir de tais aproximações, a integral do lado esquerdo de (210) é calculada como:

$$\int_{\Omega} \nabla \bullet [\mathbf{v}(X) \, u(X,t)] u^*(\xi,X) \, d\Omega =$$

$$\sum_{c=1}^{n} v_x(X_c) \int_{\Gamma} \eta \frac{1}{\pi} \ln\left(\frac{1}{r}\right) [\phi_1 \quad \phi_2] d\Gamma_c \begin{Bmatrix} u_1 \\ u_2 \end{Bmatrix} + \sum_{d=1}^{m} v_x(X_d) u(X_d,t) \int_{\Omega} \frac{1}{\pi r \cos(\theta)} \, d\Omega_d + \qquad (218)$$

$$\sum_{c=1}^{n} v_y(X_c) \int_{\Gamma} \eta \frac{1}{\pi} \ln\left(\frac{1}{r}\right) [\phi_1 \quad \phi_2] d\Gamma_c \begin{Bmatrix} u_1 \\ u_2 \end{Bmatrix} + \sum_{d=1}^{m} v_y(X_d) u(X_d,t) \int_{\Omega} \frac{1}{\pi r \sin(\theta)} \, d\Omega_d$$

As integrais de contorno (em Γ) resultantes da integração por partes são calculadas com o uso de elementos lineares, sendo adotados os mesmos procedimentos numéricos para o cálculo da integral de contorno apresentada pela equação (111), porém, para incógnita u.

Para calcular as integrais de domínio utiliza-se o mesmo procedimento citado nos capítulos anteriores, baseando-se no uso células triangulares.

6.4.4 Notação matricial e solução numérica para o problema de difusão-advecção

A partir da discretização da equação (209) para o transporte de matéria, da equação (164) para o disco (região onde ocorre geração de calor) e dos métodos de integração citados ao longo desse trabalho, forma-se um sistema de equações que, em notação matricial, é escrito da seguinte forma:

$$\begin{bmatrix} \mathbf{H}_{1,1}^{cc} & \mathbf{H}_{1,2}^{cc} & 0 & 0 & 0 \\ \mathbf{H}_{2,1}^{cc} & \mathbf{H}_{2,2}^{cc} & 0 & 0 & 0 \\ \mathbf{H}_{1,1}^{dc} & \mathbf{H}_{1,2}^{dc} & \mathbf{I} & 0 & 0 \\ 0 & 0 & 0 & \mathbf{H}_{3,3}^{cc} & 0 \\ 0 & 0 & 0 & \mathbf{H}_{2,3}^{dc} & \mathbf{I} \end{bmatrix} \begin{bmatrix} \mathbf{u}_1^c \\ \mathbf{u}_2^c \\ \mathbf{u}_1^d \\ \mathbf{u}_3^c \\ \mathbf{u}_2^d \end{bmatrix}_{m+1} = \begin{bmatrix} \mathbf{G}_{1,1}^{cc} & \mathbf{G}_{1,2}^{cc} & 0 \\ \mathbf{G}_{2,1}^{cc} & \mathbf{G}_{2,2}^{cc} & 0 \\ \mathbf{G}_{1,1}^{dc} & \mathbf{G}_{1,2}^{dc} & 0 \\ 0 & 0 & \mathbf{G}_{3,3}^{cc} \\ 0 & 0 & \mathbf{G}_{2,3}^{dc} \end{bmatrix} \begin{bmatrix} \mathbf{q}_1^c \\ \mathbf{q}_2^c \\ \mathbf{q}_3^c \end{bmatrix}_{m+1} +$$

$$- \frac{1}{\alpha_1 \Delta t} \begin{bmatrix} \mathbf{M}_{1,1}^{cd} \\ \mathbf{M}_{2,1}^{cd} \\ \mathbf{M}_{1,1}^{dd} \\ \mathbf{M}_{3,2}^{cd} \\ \mathbf{M}_{2,2}^{dd} \end{bmatrix} \left\{ \left[\mathbf{u}_1^d\right]_{m+1} - \left[\mathbf{u}_1^d\right]_m \right\} - \frac{1}{\alpha_2 \Delta t} \begin{bmatrix} \mathbf{M}_{1,1}^{cd} \\ \mathbf{M}_{2,1}^{cd} \\ \mathbf{M}_{1,1}^{dd} \\ \mathbf{M}_{3,2}^{cd} \\ \mathbf{M}_{2,2}^{dd} \end{bmatrix} \left\{ \left[\mathbf{u}_2^d\right]_{m+1} - \left[\mathbf{u}_2^d\right]_m \right\} + $$

$$- \begin{bmatrix} \mathbf{V}_{1,1}^{cd} \\ \mathbf{V}_{2,1}^{cd} \\ \mathbf{V}_{1,1}^{dd} \\ 0 \\ 0 \end{bmatrix} \left[\mathbf{u}_1^d\right]_{m+1} - \begin{bmatrix} \mathbf{V}_{1,1}^{cc} & \mathbf{V}_{1,2}^{cc} \\ \mathbf{V}_{2,1}^{cc} & \mathbf{V}_{2,2}^{cc} \\ \mathbf{V}_{1,1}^{dc} & \mathbf{V}_{1,2}^{dc} \\ 0 & 0 \\ 0 & 0 \end{bmatrix} \begin{bmatrix} \mathbf{u}_1^c \\ \mathbf{u}_2^c \end{bmatrix} + \frac{1}{k} \begin{bmatrix} 0 \\ 0 \\ 0 \\ \mathbf{F}_{3,3}^{cd} \\ \mathbf{F}_{2,2}^{dd} \end{bmatrix}_{m+1}$$

(219)

Na equação anterior, $\mathbf{V}^{cd}$, $\mathbf{V}^{dc}$ e $\mathbf{V}^{dd}$ são matrizes resultantes das integrais de domínio e $\mathbf{V}^{cc}$, resultante das integrais de contorno presentes na equação (218).

Agrupando os termos semelhantes da equação

(219), obtém-se:

$$\begin{bmatrix} \mathbf{H}_{1,1}^{cc}+\mathbf{V}_{1,1}^{cc} & \mathbf{H}_{1,2}^{cc}+\mathbf{V}_{1,2}^{cc} & \dfrac{1}{\alpha_1 \Delta t}\mathbf{M}_{1,1}^{cd}+\mathbf{V}_{1,1}^{cd} & 0 & 0 \\ \mathbf{H}_{2,1}^{cc}+\mathbf{V}_{2,1}^{cc} & \mathbf{H}_{2,2}^{cc}+\mathbf{V}_{2,2}^{cc} & \dfrac{1}{\alpha_1 \Delta t}\mathbf{M}_{2,1}^{cd}+\mathbf{V}_{2,1}^{cd} & 0 & 0 \\ \mathbf{H}_{1,1}^{dc}+\mathbf{V}_{1,1}^{dc} & \mathbf{H}_{1,2}^{dc}+\mathbf{V}_{1,2}^{dc} & \mathbf{I}+\dfrac{1}{\alpha_1 \Delta t}\mathbf{M}_{1,1}^{dd}+\mathbf{V}_{1,1}^{dd} & 0 & 0 \\ 0 & 0 & 0 & \mathbf{H}_{3,3}^{cc} & \dfrac{1}{\alpha_2 \Delta t}\mathbf{M}_{3,2}^{cd} \\ 0 & 0 & 0 & \mathbf{H}_{2,3}^{dc} & \mathbf{I}+\dfrac{1}{\alpha_2 \Delta t}\mathbf{M}_2^{dd} \end{bmatrix} \times$$

$$\begin{bmatrix} \mathbf{u}_1^c \\ \mathbf{u}_2^c \\ \mathbf{u}_1^d \\ \mathbf{u}_3^c \\ \mathbf{u}_2^d \end{bmatrix}_{m+1} = \begin{bmatrix} \mathbf{G}_{1,1}^{cc} & \mathbf{G}_{1,2}^{cc} & 0 \\ \mathbf{G}_{2,1}^{cc} & \mathbf{G}_{2,2}^{cc} & 0 \\ \mathbf{G}_{1,1}^{dc} & \mathbf{G}_{1,2}^{dc} & 0 \\ 0 & 0 & \mathbf{G}_{3,3}^{cc} \\ 0 & 0 & \mathbf{G}_{2,3}^{dc} \end{bmatrix} \begin{bmatrix} \mathbf{q}_1^c \\ \mathbf{q}_2^c \\ \mathbf{q}_3^c \end{bmatrix}_{m+1} + \quad (220)$$

$$+\dfrac{1}{\alpha_1 \Delta t}\begin{bmatrix} \mathbf{M}_{1,1}^{cd} \\ \mathbf{M}_{2,1}^{cd} \\ \mathbf{M}_{1,1}^{dd} \\ \mathbf{M}_{3,2}^{cd} \\ \mathbf{M}_{2,2}^{dd} \end{bmatrix}\left[\mathbf{u}_1^d\right]_m + \dfrac{1}{\alpha_2 \Delta t}\begin{bmatrix} \mathbf{M}_{1,1}^{cd} \\ \mathbf{M}_{2,1}^{cd} \\ \mathbf{M}_{1,1}^{dd} \\ \mathbf{M}_{3,2}^{cd} \\ \mathbf{M}_{2,2}^{dd} \end{bmatrix}\left[\mathbf{u}_2^d\right]_m +$$

$$+\dfrac{1}{k}\begin{bmatrix} 0 \\ 0 \\ 0 \\ \mathbf{F}_{3,3}^{cd} \\ \mathbf{F}_{2,2}^{dd} \end{bmatrix}_{m+1}$$

Transladando as colunas das matrizes que contém incógnitas do lado direito para o esquerdo na equação (220), tem-se:

$$\begin{bmatrix}
\mathbf{H}_{1,1}^{cc}+\mathbf{V}_{1,1}^{cc} & \mathbf{H}_{1,2}^{cc}+\mathbf{V}_{1,2}^{cc} & \dfrac{1}{\alpha_1 \Delta t}\mathbf{M}_{1,1}^{cd}+\mathbf{V}_{1,1}^{cd} & 0 & 0 & -\mathbf{G}_{1,2}^{cc} & 0 \\
\mathbf{H}_{2,1}^{cc}+\mathbf{V}_{2,1}^{cc} & \mathbf{H}_{2,2}^{cc}+\mathbf{V}_{2,2}^{cc} & \dfrac{1}{\alpha_1 \Delta t}\mathbf{M}_{2,1}^{cd}+\mathbf{V}_{2,1}^{cd} & 0 & 0 & -\mathbf{G}_{2,2}^{cc} & 0 \\
\mathbf{H}_{1,1}^{dc}+\mathbf{V}_{1,1}^{dc} & \mathbf{H}_{1,2}^{dc}+\mathbf{V}_{1,2}^{dc} & \mathbf{I}+\dfrac{1}{\alpha_1 \Delta t}\mathbf{M}_{1,1}^{dd}+\mathbf{V}_{1,1}^{dd} & 0 & 0 & -\mathbf{G}_{1,2}^{dc} & 0 \\
0 & 0 & 0 & \mathbf{H}_{3,3}^{cc} & \dfrac{1}{\alpha_2 \Delta t}\mathbf{M}_{3,2}^{cd} & 0 & -\mathbf{G}_{3,3}^{cc} \\
0 & 0 & 0 & \mathbf{H}_{2,3}^{dc} & \mathbf{I}+\dfrac{1}{\alpha_2 \Delta t}\mathbf{M}_2^{dd} & 0 & -\mathbf{G}_{2,3}^{dc}
\end{bmatrix} \times$$

$$\begin{bmatrix}
\mathbf{u}_1^c \\ \mathbf{u}_2^c \\ \mathbf{u}_1^d \\ \mathbf{u}_3^c \\ \mathbf{u}_2^d \\ \mathbf{q}_2^c \\ \mathbf{q}_3^c
\end{bmatrix}_{m+1}
= \begin{bmatrix} \mathbf{G}_{1,1}^{cc} \\ \mathbf{G}_{2,1}^{cc} \\ \mathbf{G}_{1,1}^{dc} \\ 0 \\ 0 \end{bmatrix}\big[\mathbf{q}_1^c\big]_{m+1} + \qquad(221)$$

$$\dfrac{1}{\alpha_1 \Delta t}\begin{bmatrix} \mathbf{M}_{1,1}^{cd} \\ \mathbf{M}_{2,1}^{cd} \\ \mathbf{M}_{1,1}^{dd} \\ \mathbf{M}_{3,2}^{cd} \\ \mathbf{M}_{2,2}^{dd} \end{bmatrix}\big[\mathbf{u}_1^d\big]_m + \dfrac{1}{\alpha_2 \Delta t}\begin{bmatrix} \mathbf{M}_{1,1}^{cd} \\ \mathbf{M}_{2,1}^{cd} \\ \mathbf{M}_{1,1}^{dd} \\ \mathbf{M}_{3,2}^{cd} \\ \mathbf{M}_{2,2}^{dd} \end{bmatrix}\big[\mathbf{u}_2^d\big]_m +$$

$$\dfrac{1}{k}\begin{bmatrix} 0 \\ 0 \\ 0 \\ \mathbf{F}_{3,3}^{cd} \\ \mathbf{F}_{2,2}^{dd} \end{bmatrix}_{m+1}$$

Pelas condições de continuidade e equilíbrio (compatibilidade) dadas pela equação (175), pode-se montar um sistema de equações somando-se entre si as colunas que se relacionam com as variáveis equivalentes no vetor de incógnitas presente na equação (221):

$$\begin{bmatrix} \mathbf{H}_{1,1}^{cc}-\mathbf{V}_{1,1}^{cc} & \mathbf{H}_{1,2}^{cc}-\mathbf{V}_{1,2}^{cc} & \dfrac{1}{\alpha_1 \Delta t}\mathbf{M}_{1,1}^{cd}-\mathbf{V}_{1,1}^{cd} & \mathbf{G}_{1,2}^{cc} & 0 \\[2pt] \mathbf{H}_{2,1}^{cc}-\mathbf{V}_{2,1}^{cc} & \mathbf{H}_{2,2}^{cc}-\mathbf{V}_{2,2}^{cc} & \dfrac{1}{\alpha_1 \Delta t}\mathbf{M}_{2,1}^{cd}-\mathbf{V}_{2,1}^{cd} & \mathbf{G}_{2,2}^{cc} & 0 \\[2pt] \mathbf{H}_{1,1}^{dc}-\mathbf{V}_{1,1}^{dc} & \mathbf{H}_{1,2}^{dc}-\mathbf{V}_{1,2}^{dc} & \mathbf{I}+\dfrac{1}{\alpha_1 \Delta t}\mathbf{M}_{1,1}^{dd}-\mathbf{V}_{1,1}^{dd} & \mathbf{G}_{1,2}^{dc} & 0 \\[2pt] 0 & \mathbf{H}_{3,3}^{cc} & 0 & -\mathbf{G}_{3,3}^{cc} & \dfrac{1}{\alpha_2 \Delta t}\mathbf{M}_{3,2}^{cd} \\[2pt] 0 & \mathbf{H}_{2,3}^{dc} & 0 & -\mathbf{G}_{2,3}^{dc} & \mathbf{I}+\dfrac{1}{\alpha_2 \Delta t}\mathbf{M}_{2}^{dd} \end{bmatrix} \times \qquad (222)$$

$$\begin{bmatrix} \mathbf{u}_1^c \\ \mathbf{u}_2^c=\mathbf{u}_3^c \\ \mathbf{u}_1^d \\ \mathbf{q}_2^c=-\mathbf{q}_3^c \\ \mathbf{u}_2^d \end{bmatrix}_{m+1} = \begin{bmatrix} \mathbf{G}_{1,1}^{cc} \\ \mathbf{G}_{2,1}^{cc} \\ \mathbf{G}_{1,1}^{dc} \\ 0 \\ 0 \end{bmatrix}[\mathbf{q}_1^c]_{m+1} + \dfrac{1}{\alpha_1 \Delta t}\begin{bmatrix} \mathbf{M}_{1,1}^{cd} \\ \mathbf{M}_{2,1}^{cd} \\ \mathbf{M}_{1,1}^{dd} \\ \mathbf{M}_{3,2}^{cd} \\ \mathbf{M}_{2,2}^{dd} \end{bmatrix}[\mathbf{u}_1^d]_m + \dfrac{1}{\alpha_2 \Delta t}\begin{bmatrix} \mathbf{M}_{1,1}^{cd} \\ \mathbf{M}_{2,1}^{cd} \\ \mathbf{M}_{1,1}^{dd} \\ \mathbf{M}_{3,2}^{cd} \\ \mathbf{M}_{2,2}^{dd} \end{bmatrix}[\mathbf{u}_2^d]_m + \dfrac{1}{k}\begin{bmatrix} 0 \\ 0 \\ 0 \\ \mathbf{F}_{3,3}^{cd} \\ \mathbf{F}_{2,2}^{dd} \end{bmatrix}_{m+1}$$

As condições de contorno e iniciais para essa análise são:

$$u(X,t) = 0\,^\circ C \qquad\qquad X \in \Gamma_1 \qquad (223)$$

que corresponde a uma temperatura constante ao logo de todo o contorno em todo o período de análise e

$$u_0(X,t_0) = 0\,^\circ C \qquad\qquad X \in \Omega \qquad (224)$$

que corresponde a uma temperatura constante e nula no domínio do problema no instante inicial.

O termo de geração de calor é definido no domínio Ω_2 e apresenta a seguinte forma (fonte constante):

$$\dfrac{F(X,t)}{k} = 10\,^\circ C\,mm^{-2} \qquad X \in \Omega_2,\ 0 < t < \infty \qquad (225)$$

representando geração constante de calor ao longo do tempo apenas na região circular do domínio.

6.4.5 Resultados

Procedendo da mesma forma como nos caso anteriores e adotando $\alpha_1 = 0{,}7$ mm²/s, $\alpha_2 = 4{,}5$ mm²/s e $v_x = 0{,}001$ mm/s, têm-se os seguintes valores de temperatura para determinados pontos ao longo do domínio (Figura 91):

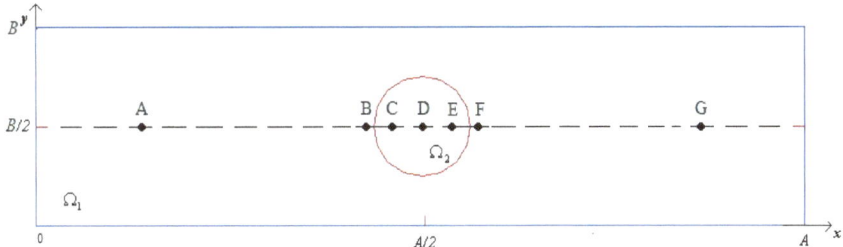

Figura 91 – Ilustração da localização dos pontos analisados.

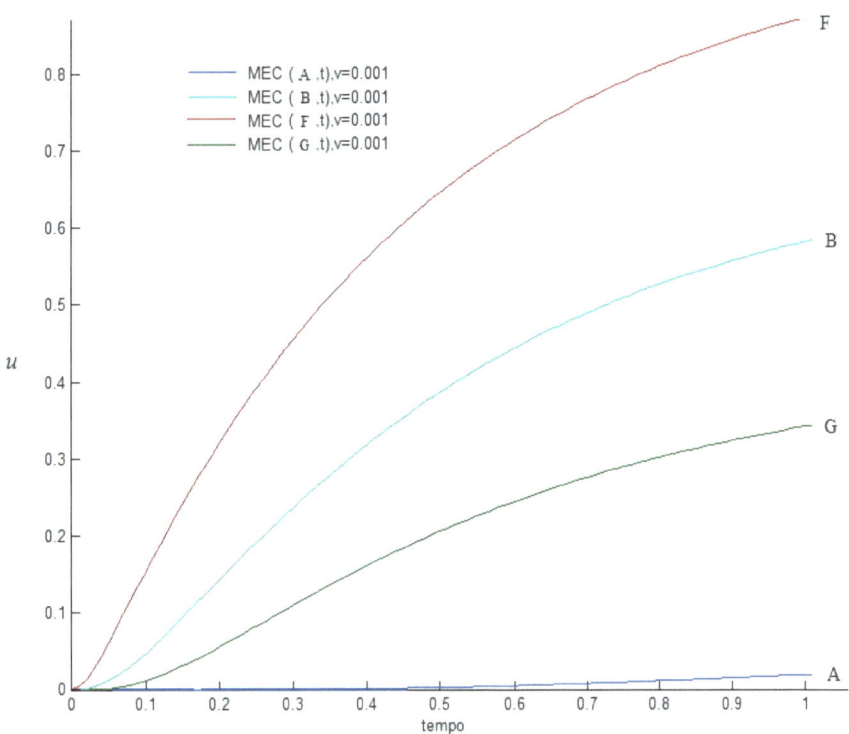

Figura 92 – Soluções do MEC para as distribuições de temperatura nos pontos A, B, C, D, E, F e G do domínio.

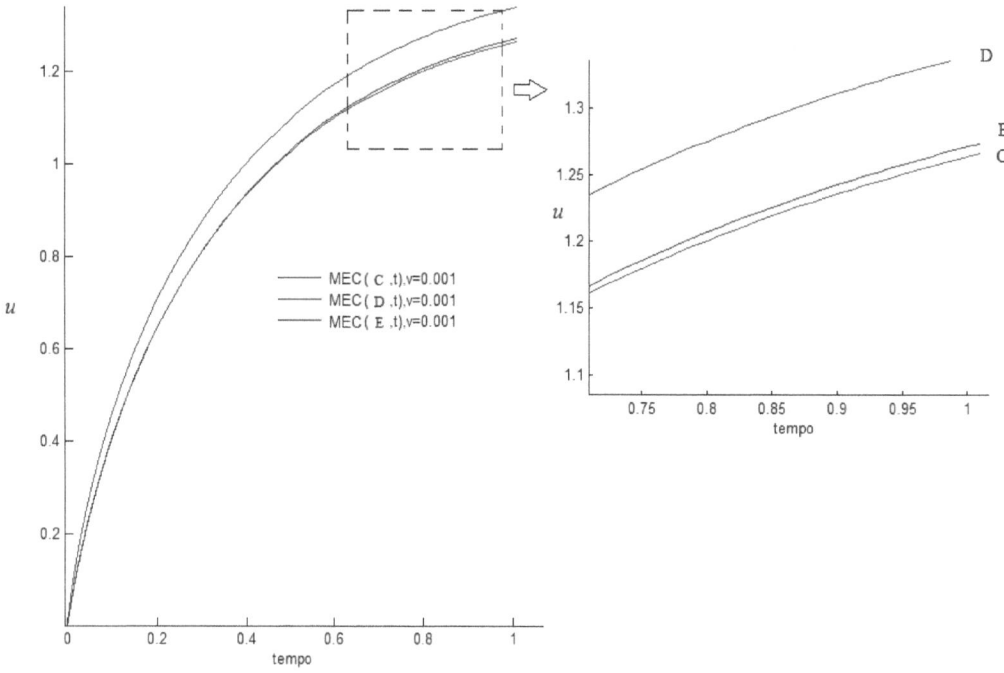

Figura 93 – Soluções do MEC para as distribuições de temperatura em pontos do disco sob geração interna de calor.

Na Figura 92 são ilustradas as distribuições de temperatura de quatro pontos da placa, dois anteriores (A e B) ao disco sob geração de calor e dois posteriores (F e G). Verifica-se que apesar da condição de contorno e da geometria utilizada apresentar simetria, os resultados de temperatura em pontos simétricos não o são. Isso é devido ao transporte de energia térmica causado pelo escoamento, fazendo com que a distribuição de temperaturas dos pontos se dê de maneira desigual. Os menores valores de temperatura foram verificados no ponto A em razão da condição de contorno na face esquerda do modelo geométrico onde origina-se o escoamento. Analisando a temperatura dos pontos seguintes, observa-se que o ponto B atingiu menores valores de temperatura em comparação aos valores registrados no ponto F e, apesar da simetria, verifica-se que o escoamento teve sua entropia elevada entre esses dois pontos. A razão desse fenômeno deve-se ao movimento de massa na chegada à fonte de calor, ao longo do contorno da fonte até a saída, recebendo energia da fonte e, em seu curso, reduzindo gradualmente seus valores em direção à face direita da placa, atingindo uma menor distribuição de temperaturas como ilustra a linha do ponto G.

Desigual distribuição de temperaturas também é observada na Figura 93 que refere-se ao comportamento térmico no interior da fonte de calor (disco), onde registraram-se as maiores temperaturas no centro do disco, ponto D, ponto geometricamente mais afastado dos efeitos do escoamento, e, de forma semelhante à análise da placa, os valores de temperatura registrados na região de chegada do escoamento, ponto C, são menores do que os observados na região de saída, ponto E, comprovando o efeito do transporte de energia.

Em uma análise complementar, foram comparados os valores de temperatura no centro do disco, ponto D, ao utilizar os valores de velocidade iguais à 0,001, 0,005 e 0,01 mm/s. Os resultados dessa análise são ilustrados na Figura 94.

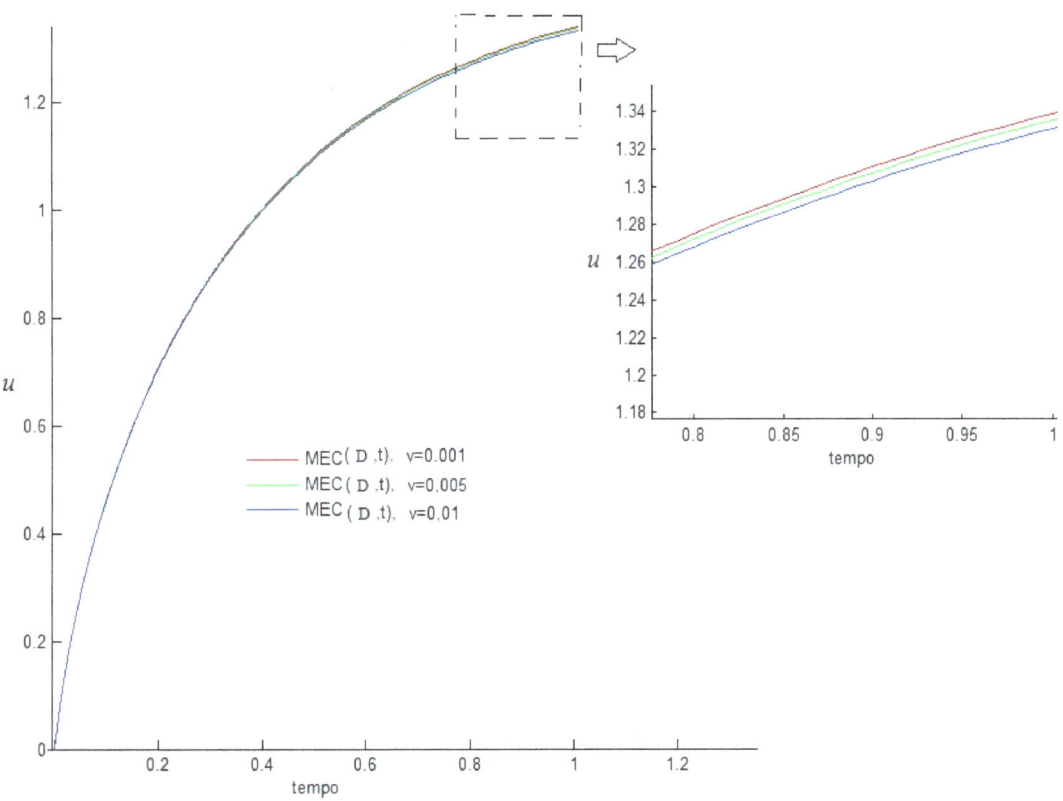

Figura 94 – Soluções do MEC para as distribuições de temperatura no centro do disco para diferentes valores de velocidades do escoamento.

Na Figura 94 é possível observar o efeito da velocidade do escoamento na distribuição de temperatura no centro da fonte de calor, sendo registradas menores temperaturas ao adotar-se valores crescentes para a mesma. Esses resultados comprovam o efeito do transporte de energia e indicam uma maior taxa de dissipação do calor com o aumento da velocidade do escoamento.

CAPÍTULO 7

7 CONSIDERAÇÕES DO AUTOR

Os resultados obtidos para os inúmeros problemas propostos tornam evidente o potencial do uso do Método dos Elementos de Contorno, mostrando-se versátil ao atuar em conjunto com o método de Diferenças Finitas e com o emprego da solução fundamental independente do tempo para análise de problemas transientes.

Destacam-se também, a simplicidade na inserção de termos não homogêneos na formulação do MEC apresentada nesse material e também a eficiência da mesma ao apontar soluções numéricas para problemas específicos de difusão, inclusive para a análise de meios contínuos com o uso de sub-regiões.

Após a validação da formulação do MEC para problemas de difusão do calor em meios homogêneos e não homogêneos, foi apresentada uma análise detalhada do problema de difusão-advecção a partir de uma placa, inclusive com a inserção de um obstáculo sólido sob geração de calor, cujos os resultados numéricos demonstraram o efeito da velocidade do escoamento dissipação do calor.

Em uma análise complementar, os resultados obtidos com o modelo numérico revelaram o efeito da velocidade do escoamento na distribuição de temperatura na região de geração de calor, sendo registradas menores temperaturas ao se adotar valores crescentes para a velocidade, demonstrando novamente o efeito advectivo.

Esse efeito advectivo chamou em muito a atenção do autor, que atualmente trabalha nesse problema e no Volume 2 dessa produção.

REFERÊNCIAS

ABREU, A. I. A Boundary Integral Formulation Based On The Convolution Quadrature Method For Transient Heat Conduction In Functionally Graded Materials. In: **Symposium of the International Association for Boundary Element - IABEM 2013**, Chile, 2013.

AKALIN-ACAR, Z.; GENÇER, N. G. An advanced boundary element method (BEM) implementation for the forward problem of electromagnetic source imaging, **Physics in Medicine and Biology** – Department of Electrical and Electronics Engineering Publishing, Middle East Technical University, Turkey, V. 49, N. 1, pp 5011-5028, 2004.

AURADA, M. M.; FEISCHL, T.; FÜHRER, M.; KARKULIK, J.; MELENK, D. Convergence of adaptive FEM-BEM coupling driven by residual-based error estimators. In: **6th European Congress on Computational Methods in Applied Sciences and Engineering (ECCOMAS 2012)**, Vienna, Austria, 2012.

AZIS, M. I.; CLEMENTS, D. L. Nonlinear transient heat conduction problems for a class of inhomogeneous anisotropic materials by BEM. **Engineering Analysis with Boundary Elements**, V.32, N. 12, pp 1054-1060, 2008.

BALTZ, B. MAMMOLI, A. A. INGBER, M. S. Incremental improvements to the Telles third degree polynomial transformation for the evaluation of nearly singular boundary integrals. **Boundary Element Technology - Transactions on Modelling and Simulation**. V. 22, WIT Press, 1999.

BEER, G. WATSON, J.O. **Introduction to Finite and Boundary Element Methods for Engineers**. Wiley, England, 1994.

BREBBIA, C. A. **The boundary element method for engineers**. Pentech Press, London, 1978.

BREBBIA, C. A. On two different methods for transforming domain integrals to the boundary. **Advances in Boundary Elements**. Springer-Verlag, Cambridge, USA, 1989.

BREBBIA, C. A. DOMINGUEZ, J. **Boundary Elements An Introduction Course**. Bath Press, Great Britain, 1989.

BREBBIA, C. A.. TELLES, J.C. F.; WROBEL, L. C. B**oundary Element Techniques**. Springer-Verlag, Berlin, 1984.

BREBBIA, C. A., SKERGET, P. Diffusion-advection problems using boundary elements. **Adv. In Water Resources**. V. 7, pp. 50-57, 1984.

CAMP, C. V..; GIPSON, G. S. An integration method for two-dimensional potential problems over curvilinear geometries. **Advances in Boundary Elements**. Springer-Verlag, Cambridge, USA, 1989.

CAMPOS, L. S. **Método dos elementos de contorno isogeométricos acelerados pela aproximação cruzada adaptativa**. Tese doutorado em Ciências Mecânica. Universidade de Brasília. Brasília, 2016.

CARRER, J. A. M. OLIVEIRA, M. F. VANZUIT, R. J. MANSUR, W. J. Transient heat conduction by the boundary element method: D-BEM approaches. **International Journal for Numerical Methods in Engineering**, V.89, N. 7 , pp 897-913, 2011.

CHANTHAWARA, K.; KAENNAKHAM, S.; TOUTIP, W. The dual reciprocity boundary element method (DRBEM) with multiquadric radial basis function for coupled burgers' equations. **Int. Jnl. of Multiphysics**, Vol. 8 · N. 2, 2014.

CHAVES, A. P. **Estudo e Implementação das Equações Integrais de Contorno para Problemas Tridimensionais de Elasticidade**. Dissertação de mestrado em Engenharia de Estruturas, Universidade Federal de Minas Gerais, Belo Horizonte, 2003.

CHENG, A.H.-D.; CHENG, D.T. Heritage and early history of the boundary element method. **Engineering Analysis with Boundary Elements**, V. 29, N. - , pp. 268–302, 2005.

CRUZ, J. P. **Formulações não-singulares do método dos elementos de contorno aplicados a problemas bidimensionais de potencial,** Dissertação de Mestrado em Engenharia de Estruturas. Universidade Federal de Minas Gerais, Belo Horizonte, 2001.

DESILVA, S. J; CHAN, L. C.; CHANDRA, A.; LIM, J. Boundary element method analysis for the transient conduction-convection in 2-D with spatially variable convective velocity. **Applied Mathematical Modelling**, V. 22, pp. 81-112, 1998.

FINLAYSON, B.; SCRIVEN, L.E. The method of weighted residuals - A review. **Appl. Mech. Rev**. V.19, pp 735-748, 1966.

GREENBERG, M. D. **Application of Green's Functions in Science and Engineering**. Prentice-Hall, New Jersey, 1971.

_____. **Advanced Engineering Mathematics** (2nd Edition). Prentice-Hall, New Jersey, 1998.

GUO, S.; ZHANG, J.; LI, G.; ZHOU, F. Three-dimensional transient heat conduction analysis by Laplace transformation and multiple reciprocity boundary face method. **Engineering Analysis with Boundary Elements**, V.37, N. 1, pp 15-22, 2013.

HUNTER, P. **FEM / BEM Notes**. Department of Engineering Science, 2001.

JACOBS, D. **The State of the Art in Numerical Analysis**, Academic Press, New York, USA, 1979.

JESUS, J. C. AZEVEDO, J. P. Simulação computacional para problemas de difusão transiente 2D pelo Método dos Elementos de Contorno utilizando a solução fundamental independente do tempo. In: **Centro Internacional de Métodos Computacionales en Ingeniería – Argentina, Mecánica Computacional**. Argentina, 2002.

JESUS, J. C. PEREIRA, L. L. Modelagem matemática computacional pelo Método dos Elementos de Contorno para problemas de fluxos em meios porosos. In: **XIII Congresso Brasileiro de Águas Subterrâneas**, 2004.

KATSIKADELIS, J. T. **Boundary elements: Theory and Applications.** Elsevier, Athens, Greece, 2002.

KEIDEL, C. **Aplicação do método dos elementos de contorno na modelagem de testes de pressão em poços de petróleo,** Dissertação de Mestrado em Engenharia Civil. Universidade Federal do Rio de Janeiro, Rio de Janeiro, 2011.

LACERDA, L. A., SILVA, J. M., LÁZARIS, J. Dual boundary element formulation for half-space cathodic protection analysis. **Engineering Analysis with Boundary Elements**, V.31, N. 6, pp 559-567, 2007.

LEITHOLD, L., **Cálculo com geometria analítica – Vol. 1**. São Paulo, Harbra, 1994.

LIMA JR., E. T. L. e VENTURINI, W. S.; BENALLAL, A. BEM modeling of saturated porous media susceptible to damage. **Engineering Analysis with Boundary Elements**, V. 36, N. 2, pp 147–153, 2012.

LOEFFLER, C. F. e COSTALONGA, F. Formulação hipersingular do método dos elementos de contorno aplicada em problemas difusivo-advectivos. In: **X SIMMEC - Simpósio de Mecânica Computacional** Belo Horizonte – MG, Brasil, 2012.

MONTGOMERY, D. C., RUNGER, G. C. **Applied Statistics and Probability for Engineers.** Student Workbook with Solutions, 3rd Edition. USA: WILEY, 2003.

MORTON K. W., MAYERS, D. F. **Numerical Solutions of Partial Differential Equations.** Cambridge University Press, New York, 1994.

OCHIAI, Y. Two-dimensional unsteady heat conduction analysis with heat generation by triple-reciprocity BEM. **International Journal for Numerical Methods in Engineering**, V.51, N. 2, pp 143-157, 2001.

ONISHI, K. KUROKI, T. TANAKA, M. A application of a Boundary Element Method to natural convection, **Appl. Math. Modelling**, V. 8, N. - , pp 383-390, 1984.

PETTRES, R.; SCUCIATO, R. F. ; LACERDA, L. A. . FORMULAÇÃO DO MÉTODO DOS ELEMENTOS DE CONTORNO EM MATLAB PARA PROBLEMAS POTENCIAIS BIDIMENSIONAIS. In: **Simpósio de Métodos Numéricos Computacionais da Universidade Federal do Paraná**, 2011, Curitiba. Simpósio de Métodos Numéricos Computacionais da UFPR, 2011. v. 1. p. 60-62.

PETTRES, R.; CARRER, J. A. M. ; LACERDA, L. A. . ON THE MODELING OF A TRANSIENT HEAT GENERATION PROBLEM WITH A BOUNDARY ELEMENT FORMULATION AND A TIME INDEPENDENT FUNDAMENTAL SOLUTION. In: **ECCOMAS 2012 (6th European Congress on Computational Methods in Applied Sciences and Engineering**, 2012, Vienna. ECCOMAS. Venue: ECCOMS, 2012. v. 6. p. 3250-3252.

PETTRES, R.; LACERDA, L. A. . ANÁLISE DA EQUAÇÃO DA DIFUSÃO COM FONTE VARIÁVEL NO TEMPO A PARTIR DO MÉTODO DOS ELEMENTOS DE CONTORNO. In: **Simpósio de Métodos Numéricos Computacionais da Universidade Federal do Paraná**, 2012, Curitiba.

PETTRES, R.; CARRER, J. A. M. ; LACERDA, L. A. . FORMULAÇÃO DO MÉTODO DOS ELEMENTOS DE CONTORNO PARA GERAÇÃO INTERNA E TRANSFERÊNCIA DE CALOR - UM ESTUDO

PARAMÉTRICO. In: **XXXIV Ibero-Latin American Congress on Computational Methods in Engineering – CILAMCE**, (MS05 - Boundary Element Methods), 2013, Pirenópolis.

PETTRES, R.; LACERDA, L. A. . FORMULAÇÃO DO MÉTODO DOS ELEMENTOS DE CONTORNO PARA O PROBLEMA DE DIFUSÃO DO CALOR BIDIMENSIONAL. In: **Simpósio de Métodos Numéricos Computacionais da Universidade Federal do Paraná**, 2013, Curitiba.

PETTRES, R. **Formulação do Método dos Elementos de Contorno para análise da difusão e geração do calor em meios contínuos**, Tese de Doutorado em Métodos Numéricos em Engenharia. Universidade Federal do Paraná, Curitiba, 2014.

PETTRES, R.; DE LACERDA, L. A. ; CARRER, J. A. M. A boundary element formulation for the heat equation with dissipative and heat generation terms. **ENGINEERING ANALYSIS WITH BOUNDARY ELEMENTS**[JCR], v. 51, p. 191-198, 2015.

PETTRES, R.. Analysis of the Time Increment for the Diffusion Equation with Time-Varying Heat Source from the Boundary Element Method. **MECHANICS, MATERIALS SCIENCE & ENGINEERING JOURNAL**, v. 7, p. 110-121, 2016.

PETTRES, R.; LACERDA, L. A. . Numerical analysis of an advective diffusion domain coupled with a diffusive heat source. **ENGINEERING ANALYSIS WITH BOUNDARY ELEMENTS**[JCR], v. 84, p. 129-140, 2017.

PETTRES, R. A boundary element formulation for one-dimensional steady state heat transfer - Domain integral transformation. **Revista Internacional de Metodos Numericos para Calculo y Diseno en Ingenieria**[JCR], V. 1, P. 1-11, 2019.

PRESS, W. H. *et al.* **Numerical Recipes - The Art of Scientific Computing**. 3rd Edition – Cambridge University Press, New York, 2007.

ROGERS, D. F. **Laminar Flow Analysis**. Cambridge University Press, 1992.

SARI, M., GÜRARSLAN, G., ZEYTINOĞLU, A. High-order finite difference schemes for solving the advection-diffusion equation. **Mathematical and Computational Applications**, V. 15, N. 3, pp. 449-460, 2010.

SINGH, K. M, TANAKA, M. On exponential variable transformation based boundary element formulation for advection–diffusion problems. **Engineering Analysis with Boundary Elements**, V.24, N. 3, pp 225-235, 2000.

SOUZA, V. J. B. e CODA, H. B, Algoritmo de integração eficiente para o método dos elementos de contorno tridimensional. **Cadernos de Engenharia de Estruturas**, São Carlos, V. 7, N. 26, pp 97-130, 2005.

SPINDLER, E. Second-kind Single Trace BEM for Acoustic Scattering. In: **Symposium of the International Association for Boundary Element - IABEM 2013**, Chile, 2013.

STEHFEST, H. Numerical inversion of Laplace transform, **Commun. Assoc. Comput. Mach**, V. 13, N. -, pp 19–47, 1970.

SUTRADHAR, A.; PAULINO, G. H. The simple boundary element method for transient heat conduction in functionally graded materials. **Computer Methods in Applied Mechanics and Engineering**, V. 193, N. - , pp 4511–4539, 2004.

TAGUTI, Y. **Método dos elementos de contorno na resolução do problema de segunda ordem em placas delgadas**. Tese de doutorado em Engenharia Mecânica. Universidade Estadual Paulista, Guaratinguetá, 2010.

TANAKA, M.; KUROKAWA, K.; MATSUMOTO, T. A time-stepping DRBEM for transient heat conduction in anisotropic solids. **Engineering Analysis with Boundary Elements**, V.32, N. 12, pp 1046-1053, 2008.

TELLES, J. C. F.; A self-adaptive co-ordinate transformation for efficient numerical evaluation of general boundary element integrals, **Int. J. Num. Meth. Eng.**, V.24, pp 959-973, 1987.

TELLES, J. C. F.; OLIVEIRA, R. F. Third degree polynomial transformation for boundary element integrals: Further improvements, **Eng. Anal. BEM**, 13, pp. 135-141, 1994.

TRAUB, T. A Directional fast multipole method for elastodynamics. In: **Symposium of the International Association for Boundary Element - IABEM 2013**, Chile, 2013.

VANZUIT, J. R. **Análise do fluxo bidimensional de calor pelo método dos elementos de contorno com soluções fundamentais independentes do tempo,** Dissertação de Mestrado em Métodos Numéricos em Engenharia. Universidade Federal do Paraná, Curitiba, 2007.

YOUNG, D.L.; TSAI, C.C.; MURUGESAN, K.; FAN, C.M.;CHEN C.W.; Time dependent Fundamental Solutions for Homogeneous Diffusion Problems, **Engineering Analysis with Boundary Elements**, V. 28, pp. 1463-1473, 2004.

YU, B.; YAO, W.; GAO, Q. A precise integration Boundary Element Method for solving transient heat conduction problems with variable thermal, **Numerical Heat Transfer, Part B: Fundamentals: An International Journal of Computation and Methodology**, V. 65, N. 5, pp 472-493, 2014.

WALL, J. **Transient Heat Conduction: Analytical Methods**, (2009). Disponível em: < http://www.ewp.rpi.edu/hartford/~wallj2/ >. Acesso em 07 Nov 2012.

WEI, T.; ZHANG, Z. Q. Reconstruction of a time-dependent source term in a time-fractional diffusion equation. **Engineering Analysis with Boundary Elements**, V.37, N. 1, pp 23-31, 2013.

WROBEL, L. C. **Potential and Viscous Flow Problems Using the Boundary Element Method**, Ph.D. Thesis, University of Southampton, U. K., 1981.

WROBEL, L.C. **The Boundary Element Method Volume 1 Applications in Thermo-**Fluids and Acoustic, England: John Wiley and Sons LTD, 2002.

ZILL, D. G, CULLEN, M. R. **Equações Diferenciais Volume 2**, São Paulo: Pearson Makron Books, 2001.

ÇENCEL, Y. A. CIMBALA, J.M. **Mecânica dos Fluidos – Fundamentos e Aplicações**, McGrawHill, São Paulo, 2007.

UM CURSO INTRODUTÓRIO AO MÉTODO DOS ELEMENTOS DE CONTORNO

APÊNDICE

A Solução Fundamental do operador Laplaciado em duas dimensões

Considere a equação de Laplace duas dimensões:

$$\frac{\partial^2 u}{\partial x^2} + \frac{\partial^2 u}{\partial y^2} = 0 \quad em \quad \Omega \tag{226}$$

Supondo que a solução da equação anterior é a solução fundamental para o operador adjunto Laplaciano, representada por $u = u^*(\xi, X)$, é a solução do problema:

$$\nabla^2 u^* = -\delta(\xi, X) \tag{227}$$

em coordenadas cartesianas

$$\frac{\partial^2 u^*}{\partial x^2} + \frac{\partial^2 u^*}{\partial y^2} = -\delta(\xi - x, \xi - y) \tag{228}$$

transformando em coordenadas polares

$$\nabla^2 u^* = \frac{1}{r}\frac{\partial}{\partial r}\left(r\frac{\partial u^*}{\partial r}\right) + \frac{1}{r^2}\frac{\partial^2 u^*}{\partial \theta^2} = -\delta(\xi, X) \tag{229}$$

e $\xi = (\xi_x, \xi_y)$, $X = (x, y)$, $r = |X - \xi|$ e $r = \sqrt{(x-\xi_x)^2 + (y-\xi_y)^2}$ como ilustra a Figura 95.

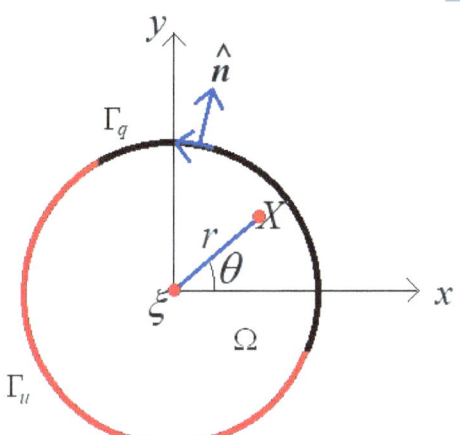

Figura 95 – Esquema do Laplaciano em coordenadas polares.

A Solução Fundamental é circularmente simétrica. Logo, para $r>0 \to \delta(\xi, X) = 0$. Assim,

$$\frac{1}{r}\frac{\partial}{\partial r}\left(r\frac{\partial u^*}{\partial r}\right) + \frac{1}{r^2}\frac{\partial^2 u^*}{\partial \theta^2} = 0 \qquad (230)$$

Devido a simetria circular, a equação anterior fica:

$$\frac{1}{r}\frac{\partial}{\partial r}\left(r\frac{\partial u^*}{\partial r}\right) = 0 \qquad (231)$$

e pode ser resolvida com integração unidimensional considerando o domínio isotrópico

$$\int_\Omega \frac{1}{r}\frac{\partial}{\partial r}\left(r\frac{\partial u^*}{\partial r}\right)dr = \int_\Omega 0\,dr;\quad r\frac{\partial u^*}{\partial r} = A;\quad \int_\Omega \frac{\partial u^*}{\partial r}dr = \int_\Omega \frac{A}{r}dr \qquad (232)$$

Portanto, a solução da equação é homogênea

$$u^* = A\ln(r) + B \qquad (233)$$

Para determinar os valores constantes A e B, será utilizada a propriedade de amostragem da função Delata de

Dirac:

$$\int_\Omega \nabla^2 u^* d\Omega = \int_\Omega -\delta(\xi,X)d\Omega = -1 \tag{234}$$

Aplicando o teorema da divergência (Green-Gauss) a integral de domínio será transformada em uma integral de contorno:

$$\int_\Omega \nabla^2 u^* d\Omega = \int_\Gamma \frac{\partial \Gamma}{\partial n} d\Gamma = -1 \tag{235}$$

Define-se a seguir, um domínio circular Ω, de raio r, ao redor de ξ, conforme mostra a Figura a seguir:

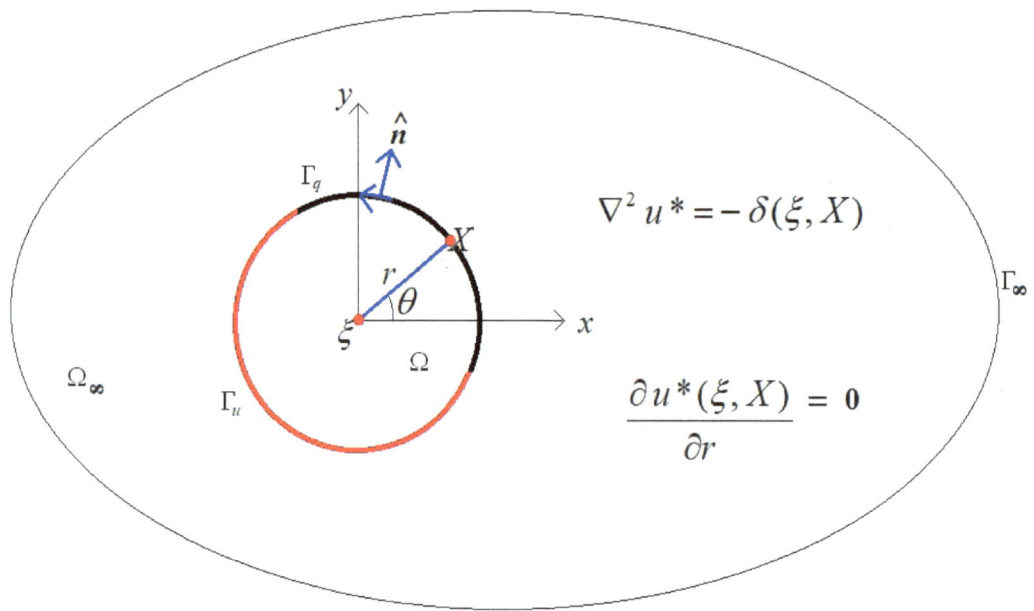

Figura 96 – Ilustração do domínio Ω ao redor de ξ.

A partir da equação $\dfrac{\partial u^*}{\partial r} = \dfrac{A}{r}$, como $\vec{r}$ e $\vec{n}$ possuem a mesma direção, pode-se escrever:

$$\int_\Omega \nabla^2 u^* d\Omega = \int_\Gamma \frac{\partial \Gamma}{\partial n} d\Gamma = \int_\Gamma \frac{\partial u^*}{\partial r} d\Gamma = \int_0^{2\pi} \frac{\partial u^*}{\partial r} r\, d\theta = \int_0^{2\pi} \frac{A}{r} r\, d\theta = -1 \tag{236}$$

Assim, $A = -\dfrac{1}{2\pi}$, portanto, a Solução Fundamental é:

$$u^*(\xi, X) = -\frac{1}{2\pi}\ln(r) + B \tag{237}$$

onde $r = |X - \xi|$ é a distância entre X e ξ e B é uma constante.

A sua derivada em relação à direção normal ao contorno é denotada por q^* e calculada como:

$$q^*(\xi, X) = \frac{\partial u^*}{\partial r}\frac{dr}{dn} = -\frac{1}{2\pi r}\frac{dr}{dn} \tag{238}$$

Quadratura de Gauss

Determinadas integrais presentes na formulação do MEC apresentam singularidades quando resolvidas analiticamente, porém, a integral ainda existe. Esse fato sugere o uso de técnicas de integração numérica, comumente designadas por quadratura. Entre os métodos mais empregados está a Quadratura de Gauss, que, de acordo com Hunter (2001) é um método relativamente simples de implementar e que pode apresentar grande precisão utilizando-se de um número suficiente de pontos de amostragem ou também chamados pontos Gauss para avaliar tais integrais.

A Quadratura de Gauss consiste em avaliar o integrando por intermédio do somatório de avaliações da função a ser integrada em determinados locais, multiplicando-se estes valores por determinados coeficientes de ponderação (eq. (239)).

$$\int_a^b W(x)f(x)dx \approx \sum_{j=0}^{N-1} w_j f(x_j) \qquad (239)$$

A função de ponderação *W(x)* pode ser escolhida para remover singularidades integráveis (PRESS, 2007). Em outras palavras, é possível encontrar um conjunto de pesos w_j e abscissas x_j tais que a aproximação da função integrada *f(x_j)* convirja para a solução desejada de acordo com a precisão requerida, ou ainda exata, tomando-se um número *N* de pontos de Gauss tendendo ao infinito.

Nesse método, ainda é possível incorporar esquemas de integração adaptativa e continuar a adicionar mais pontos de quadratura até alguma estimativa de erro suficientemente pequena, ou também para subdividir o elemento corrente em dois ou mais elementos menores e avaliar a integral sobre cada um.

Valor Principal de Cauchy

O Valor Principal de Cauchy é um método para atribuir valores a integrais impróprios que seriam convencionalmente indefinidos em função de problemas de singularidades no integrando. Assim, o Valor Principal de Cauchy é definido da seguinte forma:

$$\lim_{\varepsilon \to 0+} \left[\int_a^{b-\varepsilon} f(x)dx + \int_{b+\varepsilon}^c f(x)dx \right] \tag{240}$$

onde b é um ponto em que o comportamento da função f é tal que:

$$\int_a^b f(x)dx = \pm\infty \tag{241}$$

para qualquer $a < b$ e

$$\int_b^c f(x)dx = \mp\infty \tag{242}$$

para qualquer $c > b$ ou o número finito

$$\lim_{a \to \infty} \left[\int_{-a}^a f(x)dx \right] \tag{243}$$

onde

$$\int_{-\infty}^0 f(x)dx = \pm\infty \tag{244}$$

e

$$\int_0^\infty f(x)dx = \mp\infty \tag{245}$$

Um exemplo é o cálculo da seguinte integral indefinida:

$$\int_{-1}^{1} \frac{dx}{x} \tag{246}$$

Tomando os seguintes limites, temos dois resultados diferentes:

$$\lim_{a \to 0}\left[\int_{-1}^{-a} \frac{dx}{x} + \int_{a}^{1} \frac{dx}{x}\right] = 0 \tag{247}$$

$$\lim_{a \to 0}\left[\int_{-1}^{-a} \frac{dx}{x} + \int_{2a}^{1} \frac{dx}{x}\right] = -\ln 2 \tag{248}$$

O segundo limite é o *Valor Principal de Cauchy* ilustrado pela Figura 97.

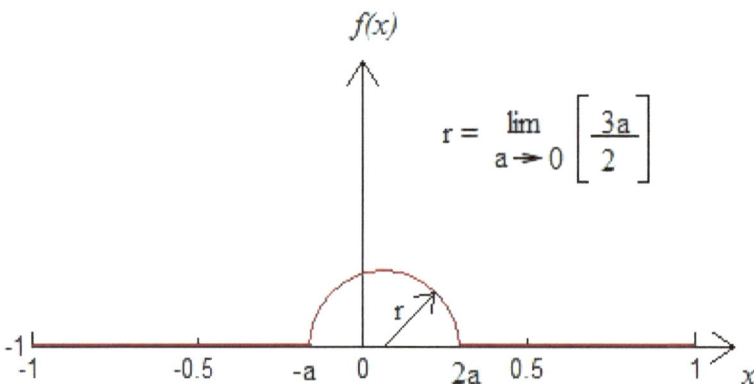

Figura 97 – Integração entre no intervalo [-1 1] no sentido de *Valor Principal de Cauchy*.

SOBRE O AUTOR

Roberto Pettres é Professor Adjunto do Departamento de Matemática da Universidade Federal do Paraná (UFPR) desde 2013 e atua em cursos de Engenharia e no Mestrado Profissional em Matemática. Possui os títulos de Mestre e Doutor em Métodos Numéricos em Engenharia pela Universidade Federal do Paraná e de Licenciado em Matemática pela Universidade do Contestado. Atualmente está cursando o Pós-Doutorado em Matemática Aplicada e Computacional pela Universidade Estadual de Londrina.

www.ingramcontent.com/pod-product-compliance
Lightning Source LLC
Chambersburg PA
CBHW051910210526

45473CB00006B/1965